@media

width: 40px

<div>

display: flex

<html>

<title>

プロを目指す人の

HTML&
CSSの教科書

HTML Living Standard準拠

大藤 幹 著

flex: 1

マイナビ

ソースコードについて

本書には、ダウンロード可能なサンプルファイルが用意されています。
ダウンロードしたファイルを展開（解凍）すると、2つのフォルダがあります。本書の紙面に掲載されているのと同じ内容のサンプルファイルは「sample」フォルダに入っています。
「practice」フォルダには、紙面に掲載されているソースコードの赤や青で示している部分が未入力（一部例外もあります）となっているファイルが同じ番号で格納されていますので、実習などの際にご利用ください。

対応するサンプルファイルがある場合は、紙面にパスの表記があります。なお、本書に掲載されているソースコードの左側にある行番号は、抜粋掲載の場合でも常に1からの連番となっています。サンプルファイルの行番号と一致していない場合があります。ご注意ください。

ブラウザでの表示について

作成したhtmlファイルをブラウザで表示させる際は、Finderまたはエクスプローラーから、ブラウザにファイルをドラッグ＆ドロップすると簡単です。

はじめに

　本書は、書名を変更する必要があったためそうなってはいませんが、内容としては『よくわかるHTML5+CSS3の教科書』の第4版にあたる書籍です。今回は2022年春の時点でのHTML Living Standardの仕様に合わせて多くの箇所を更新しています。

　いわゆる広義のHTML5の視点から見た場合、HTML Living StandardはHTML 5.2に続く後継バージョンであり、HTML5に含まれるものであることは間違いありません。しかし、HTML5からHTML 5.2までは1〜2年の周期でバージョンアップされていましたが、HTML 5.2がリリースされてからすでに5年が経過しています。日々更新し続けられるHTML Living Standardは、その間に皆さんの予想をはるかに超えて多くの箇所で仕様変更されているのも事実です。

　たとえば、hgroup要素やslot要素といった新しい要素が追加され、一度は削除されたmenu要素が復活しています。グローバル属性の数は倍増しました。そしてその一方で複数の要素や属性が削除されています（たとえばstyle要素のtype属性やtable要素のborder属性など）。「UTF-8以外の文字コードは指定できない」といった比較的大きな仕様変更もあります。

このような数々の変更によって、Web制作に携わる方々がふだん何気なく見ている一見普通のHTMLが、現在の最新の文法には合致しない旧式のものとなっている可能性もあるわけです。本書ではそのような旧式となってしまった部分はすべて更新してありますので、これから学びはじめる初心者の方にも安心してお使いいただけます。さらに巻末資料として掲載した「HTML全要素一覧」や「HTMLの要素の配置のルール」といった詳細な資料は、中級者以上の方にもご活用いただける内容となっています。

　最新のHTMLとCSSを学べる入門書として本書をご活用いただけましたら幸いです。

2022年4月

大藤 幹

CONTENTS | もくじ

第5章　テキスト

第6章　CSSの適用先の指定方法　095

第7章　ページ内の構造　111

第8章　フレキシブルボックスとグリッド

第9章　ナビゲーション　191

第10章　フォームとテーブル　209

Appendix   **付録**

はじめる準備

第1章では、インターネットの概要とサーバーの役割、Webページを制作して公開する際に必要となるソフトウェアなどの基礎事項について説明します。さっと流し読みしてみて、知っている内容だと思った方は読み飛ばしてもOKです。

インターネットと
サーバーについて

第1章

1

本書を読むとWebページが作れるようにはなりますが、自分のパソコン上で
Webページを完成させたらそれが自動的にインターネットで公開されて誰でも
見られるようになる、というわけではありません（もしそうだとしたら、自分の
パソコンの中のファイルがインターネット上で公開されていることになりま
す）。ここではまず、インターネットのおおまかな仕組みと、サーバーの役割に
ついて確認しておきましょう。

インターネットの仕組み

インターネットとは、簡単に言えば「世界中にある個別のネットワークを一定の決まり（TCP/IP）に
従って結びつけている世界規模のネットワーク」のことです。家庭や企業のパソコンをインターネッ
トに接続するには、すでにインターネットに接続されているプロバイダ（接続業者）と契約し、そこ
を通じて接続することになります（接続方法には光回線やケーブルテレビのほか、工事不要で利用可
能なモバイルWiFiがあります）。

インターネットのイメージ図

サーバーの役割

私たちが普段インターネット上のWebページを見ているとき、そのネットワーク上では「このアドレスのページを見せてください」「はいどうぞこれがそのデータです」といったやりとりが何度もおこなわれています。そのようなユーザー（ブラウザ）とのやりとりをおこない、ユーザーからの要求に応えてデータを渡すソフトウェアのことをサーバー・ソフトウェアと呼んでいます（そしてサーバー・ソフトウェアが動作しているコンピュータのことをサーバーと言います）。つまり、インターネット上でWebページを公開するには、サーバー・ソフトウェアが動作しているコンピュータにデータを入れるか、Webページのデータが入っているパソコンでサーバー・ソフトウェアを動かす必要があるということです。

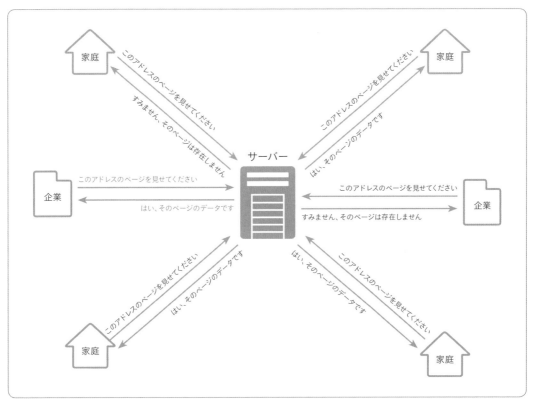

サーバーの役割のイメージ図

Webページを入れる場所に注意

ただし、サーバー・ソフトウェアが動いていればどのファイルでも公開されてしまうのかといえば、そうではありません。公開するのはサーバー・ソフトウェアで設定している特定のフォルダ内に限定されます。それはもちろん、セキュリティ上の問題があるからです。したがって、インターネット上で公開するためのWebページが完成したら、サーバーが動いているコンピュータ上の特定のフォルダの中に入れることによって、そのデータは初めてインターネット上で公開されることになります。多くの場合、プロバイダと契約すると、プロバイダのサーバーにそのような公開用のフォルダが用意されていて、契約時にどこにデータを入れればよいのか案内があったはずです。また、一般にプロバイダが用意しているサーバーの容量は少なめでさまざまな制限もあるため、接続用のプロバイダのほかに自由度の高いレンタルサーバー（これは接続業者ではなくWebページを置くスペースを提供するサービス）を借りる場合もあるかと思います。その場合は、レンタルサーバー内の指定されたフォルダにデータを入れることになります。

このようにすることで、制作したWebページは初めてインターネット上で公開され、誰でも自由に閲覧できるようになり、Googleなどの検索エンジンにも登録されて検索結果として表示されるようになります。制作したWebページをサーバー内の特定のフォルダに入れるためのソフトウェアについては、次の「第1章-2　本書で使用するソフトウェアについて」で説明します。

第1章 2 本書で使用するソフトウェアについて

ここでは、Webページを制作する上で便利なソフトウェアや、作ったファイルの転送や確認で必要となるソフトウェアを、無料で入手できるものを中心に紹介します。

Webページを制作するには専用のソフトウェアが必要だと思っている人もいるかもしれませんが、決してそんなことはありません。なぜなら、HTMLもCSSもJavaScriptも、実際にはただのテキストファイル（文字データだけを含むごく一般的なファイル形式）だからです。つまり、Windowsに付属の「メモ帳」や、Macに付属の「テキストエディット」などがあればWebページを制作することは可能なのです。

ただし、「メモ帳」や「テキストエディット」でもたしかに制作は可能ですが、もっと使い心地がよくて効率的に制作できるソフトウェアも無料で公開されています。また、制作したWebページがさまざまな環境でうまく表示されるかどうかを確認するためには、チェック用のブラウザも用意しておく必要があります。さらに、最終的にできあがったWebページを公開するには、それらをサーバーの特定のフォルダに転送しなければなりません。ここでは、そのような場面でそれぞれ必要となるソフトウェアの中から特におすすめのものを紹介していきます。

テキストエディタ

テキストエディタ（text editor）とは、文字を入力・編集しテキストファイルとして保存するためのソフトウェアのことです。身近な例としては、Windowsに付属している「メモ帳」やMacに付属している「テキストエディット」が挙げられます。

本書で学ぶHTMLもCSSも、ファイルの形式としてはテキストファイルであるため、Windowsなら「メモ帳」、Macなら「テキストエディット」で問題なく作成できます。特にHTMLやCSSを学ぶためにちょっとしたサンプルを作ったりするだけなら、それらで十分であるとも言えます。

ただし、古いバージョンのWindowsに付属の「メモ帳」を使用して本書に付属のサンプルを開いたり保存したりすると文字化けが発生することがあります※。その場合は古い「メモ帳」ではなく、このあとに紹介する「Visual Studio Code（VSCode）」を使用してください。

※現在のHTMLの仕様では、使用可能な文字コードは「UTF-8」のみとなっており、本書にサンプルとして付属しているHTMLファイルおよびCSSファイルの文字コードもすべて「UTF-8」となっています。しかし、Windows 10「May 2019 Update（Version 1903）」よりも前のWindowsに付属の「メモ帳」では初期状態の文字コードが「Shift_JIS」となっているため、そのまま使用すると文字化けが発生します。

Macの「テキストエディット」を使う場合は、「環境設定」の画面を開いて次の図で示したように設定
してください。

テキストエディットの「環境設定」画面。フォーマットを「標準テキスト」にして、オプションの自動修正をおこなう項
目のチェックがはずれていることを確認。「開く/保存」のページに移動して、「HTMLファイルを、フォーマットしたテ
キストではなくHTMLコードとして表示」にチェックを入れ、エンコーディングが「Unicode (UTF-8)」になっていれ
ばOK

しかし、HTMLとCSSを少しでも早く効率的に学習したいと考えているのであれば、早い段階のうち
に作業に適した専用のテキストエディタを用意しておいた方が良いでしょう。専用のテキストエディ
タには、それが無料のものであっても、ソースコード※の入力を容易で正確なものにし、かつ読みやす
くする便利な補助機能が多く搭載されているからです。たとえば、先頭の数文字を入力するだけで入
力候補が表示され、タグやキーワードなどを正確に入力できるだけでなく、それらを色分けして表示
する機能などが組み込まれています。
専用のテキストエディタを使うのが初めてという方には、Mac版・Windows版・Linux版が用意され
ており、しかも無料で使用可能な「Visual Studio Code (VSCode)」をオススメします。

・ **Visual Studio Code**
https://code.visualstudio.com/

※ HTML（マークアップ言語）やCSS（スタイルシート言語）、プログラミング言語などの言語による命令・指示などを記述したテ
　キストをソースコード（source code）と言います。省略して「ソース」と呼ばれることもあります。

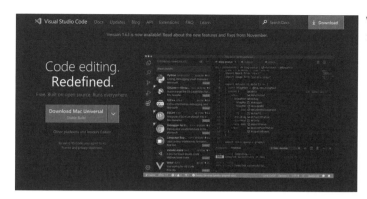
Visual Studio Codeの
ダウンロードページ

画面左側にある「Download 〜 」ボタン（〜の部分はダウンロードする環境によって変わります）をクリックし、インストーラーをダウンロードします。

「Download 〜 」ボタンをクリック

Webページに表示されているものとは異なるOS向けのものをダウンロードしたい場合は、青い部分の ∨ をクリックしてください。

各種OS向けバージョンの選択画面

ダウンロードが終了したら、「ダウンロード」フォルダ（またはダウンロード先として指定したフォルダ）を開き、圧縮されているファイルを解凍（展開）します。

次に、Macの場合は「Visual Studio Code.app」を「アプリケーション」フォルダにドラッグ＆ドロップして移動してください。「アプリケーション」フォルダで「Visual Studio Code.app」をダブルクリックして起動します。

「アプリケーション」フォルダにドラッグ＆ドロップ

「アプリケーション」フォルダでダブルクリックして起動

Windowsの場合は、「VSCodeUserSetup-○○.exe」をダブルクリックするとインストール画面が表示されるので、画面の指示に従ってインストールを行います。インストールが終了したら、[スタート]メニューからVisual Studio Codeを起動します。

ダブルクリック

「同意する」をチェックして「次へ」をクリックし、インストールする

Visual Studio Codeを起動して英語の画面が表示された場合は、起動直後に表示される右の青いボタンをクリックしてください。言語パックが自動的にインストールされ、日本語化されます。

日本語化するにはここをクリック

Visual Studio Codeでは、作業するフォルダを最初に決めて、そこを開くと、画面の左側の「エクスプローラー」でフォルダ内のファイルが一覧で表示できて便利です。

画面左側に表示されている「フォルダーを開く」ボタンをクリックするか、「ファイル」メニューから「フォルダーを開く」をクリックして、本書の作業用のフォルダを開いてください。

これでスムーズに作業が進められます。

「フォルダーを開く」をクリック

ブラウザ

読者のみなさんの多くは、いつも特定の1種類のブラウザ（Webブラウザ）を使って、さまざまなWebページを閲覧していることと思います。自分がユーザーとして閲覧しているときにはそれでまったくかまわないのですが、作る側になるのであれば表示確認用にいくつかのブラウザ（もしくはテスト環境など）を用意する必要があります。パソコン上で動作するブラウザだけでもGoogle ChromeやMicrosoft Edge、Safari、Firefoxといった種類があり、その種類とバージョンによって表示結果に違いが生じる場合があるからです。しかも現実的には、さまざまなスマートフォンやタブレット端末を利用しているユーザーのことも考慮する必要があります。

とはいえ、本書の主眼は「Webページの標準的な制作方法の基本となっている技術」を覚えることであり、さまざまなブラウザでの表示の差異をなくするための細かいテクニックを身につけることではありません。

そこで、本書ではいくつものブラウザを用意してそれぞれで表示確認しながら進めるのではなく、パソコン用のブラウザとして世界的なシェアがもっとも高く、標準的な規格への準拠度も申し分ないGoogle Chromeを基本ブラウザとして使用し、そのブラウザだけで表示確認をおこないながら学習を進めていくことにします（サンプルのスクリーンショットも一部の例外を除きGoogle Chromeのものを掲載しています）。

Google Chromeは「Google Chrome」で検索すると、最新バージョンのダウンロードページがすぐに見つかります。あらかじめダウンロードしてインストールしておいてください。

Google Chromeのダウンロードページ。本書では、Google Chromeを基本ブラウザとして学習を進めていく

FTPクライアント

サーバーにはいろいろな種類があります。ブラウザとやりとりをおこなってWebページが見られるようにしているサーバーはWebサーバーと呼ばれています。それに対して、ファイルを転送する際のやりとりをおこなうために用意されているのがFTPサーバーです（FTPは File Transfer Protocolの略です）。Webサーバーとやりとりをおこなうためにブラウザを使用するように、FTPサーバーとやりとりをおこなうためにはFTPクライアントというソフトウェアを使用します。

ファイル転送のやりとりをおこなうのがFTPサーバーとFTPクライアント

FTPクライアントは、できあがったWebページを公開するために、WebページのデータをWebサーバーの特定のフォルダの中に入れるときに使用します。FTPクライアントとしては、Windows版とMac版があり、しかも暗号化にも対応している以下のソフトウェアをおすすめします（無料で使用できます）。

・FileZilla

https://filezilla-project.org/

第
2
章

オリエンテーション

第2章では、まずは難しい話は抜きにして、HTMLと
CSSとはいったいどんなものなのかということを
ざっくりと説明し、続けてHTMLとCSSを実際に体
験してみます。そこでだいたいの感じをつかんで、
HTMLもCSSも意外と簡単なんだな、ということを
実感してみてください。

HTMLの役割、CSSの役割

まずはWebページを構成するHTMLとCSSについて、簡単にその概要と役割を押さえておきましょう。

HTMLってどんなモノ？

HTMLとは、ごく簡単に言えば、テキストにタグと呼ばれる印をつけて[1]、それぞれの部分が何であるのかを示したテキストファイルのことです。それぞれの印は <ここから見出し> <ここまで見出し> というようなパターンであらかじめ決められていて、2022年4月時点で111種類あります。HTMLを学ぶということは、その111種類の印の意味を知り、印のつけ方のルールを覚えることだと言えます。

```
テキスト

  会社案内

  当社は、○○○○年○○月に日本で設立されました。
  ・・・
```

```
HTML

  <ここから見出し>
  会社案内
  <ここまで見出し>

  <ここから本文>
  当社は、○○○○年○○月に日本で設立されました。
  ・・・
  <ここまで本文>
```

HTMLのイメージ。テキストにこのような書式の印をつけて、テキストの各部分が何であるのかを示す

しかし、印の種類が100種類以上もあるからといって気を重くする必要はありません。一般的なWebページでふだん使用されているのは、その中のごく一部だからです。すべてを暗記する必要はまったくありませんし、ふだん使うものに関しては使っているうちにすぐに覚えられますので安心してください。このあとに実際にその印をつけてみますが、あっけないほど簡単です。

---

[1] このように印を付けることを英語でマークアップ（markup）と言います。HTMLはいわゆるマーアクアップ言語と呼ばれる言語の一種で、「HTML」という名称は「HyperText Markup Language」の略です。

CSSってどんなモノ？

それに対して、HTMLの印によって示された各範囲の表示方法を指定するのがCSS[※2]です。たとえば、HTMLで見出しの印をつけた範囲の「文字色」「背景色」「文字サイズ」などを指定できます。その「文字色」や「背景色」のように表示方法として指定できる種類は、HTMLの印の種類よりもかなり多く、ぜんぶだと軽く300以上はあるでしょう（HTMLとは違ってその数はどんどん増えていく傾向にありますが、それは表示指定の幅が広がるということでもあります）。ただし、すべての機能が現実的に利用可能というわけでもなく、通常はあまり使用されない機能も多く含まれているため、本書の読者がおぼえるべき主要機能は150種類くらいであるとも言えます。

```
HTML                                      CSS

<ここから見出し>                           見出し {
会社案内                                        文字色：黒；
<ここまで見出し>                                背景色：白；
                                              文字サイズ：24ピクセル；
<ここから本文>                             }
当社は、○○○○年○○月に日本で設立され
ました。                            ＋     本文 {
・・・                                          文字色：グレー；
<ここまで本文>                                  背景色：白；
                                              文字サイズ：16ピクセル；
                                              行間：24ピクセル；
                                          }
```

CSSのイメージ。HTMLで示された各部分の表示方法を指定する

HTMLは基本的には印をつけるだけですが、CSSは「どの印をつけた範囲」の「何」を「どう表示させる」といった指定をする必要がありますのでHTMLよりは少々複雑です。しかし、結局は「どう指定すればどう表示させられるのか」ということを覚えるだけですので、プログラミング言語のように難しいわけではありません。CSSもこのあとに実際に使ってみますが、指定方法のパターンさえ覚えれば意外に簡単であることが分かるはずです。

※2　CSSは「Cascading Style Sheets」の略で、日本語でわかりやすく言えば「重ねて指定できるスタイルシート」というような意味です。

HTMLのタグをつけてみよう!

第2章
2

それでは早速、タグをつける作業を体験してみましょう。

テキストを「大見出し」と「段落」に分ける

それでは、実際にテキストに印をつけてHTMLにしてみましょう。HTMLでは印のことをタグと言いますので、以降本書ではタグという用語を使用します。タグをつけるのは、以下のテキストです。

sample/0220/sample.txt

> かちかち山
>
> 昔々、ある会社に山田という名前の若い社長さんがおりました。社長仲間のあいだでは「やま」と呼ばれていました。山田社長には、ことあるごとに「Win-Winの考え方が大切なんです」と語りだすクセがありました。

このテキストにタグをつける

さて、このテキストを読んでみると、どうやらタイトルと本文で構成されているらしいことが分かります。1つのページ内の構成要素として考えると、大見出しと最初の段落であるとも言えそうです。ここではそれを後者であると想定して、まずは日本語で＜ここから大見出し＞＜ここまで大見出し＞＜ここから段落＞＜ここまで段落＞というタグをつけてみることにしましょう。

> ＜ここから大見出し＞
> かちかち山
> ＜ここまで大見出し＞
>
> ＜ここから段落＞
> 昔々、ある会社に山田という名前の若い社長さんがおりました。社長仲間のあいだでは「やま」と呼ばれていました。山田社長には、ことあるごとに「Win-Winの考え方が大切なんです」と語りだすクセがありました。
> ＜ここまで段落＞

タグをつけてみた状態。タグの＜＞は全角ではなく半角で入力する点に注意!

タグがついて、ページ内の2つの構成要素が何であるのかが明確に示されました。しかし、タグがつけられたテキストを見てみると、タグに含まれている「ここから」と「ここまで」は無い方がすっきりして見やすいような気もします。そこで、「ここから」はそのままカットしてしまい、「ここまで」は代わりに「/」であらわすことにして、次のように変更します。

```
<大見出し>
かちかち山
</大見出し>

<段落>
昔々、ある会社に山田という名前の若い社長さんがおりました。社長仲間のあいだでは「やま」と呼ばれていまし
た。山田社長には、ことあるごとに「Win-Winの考え方が大切なんです」と語りだすクセがありました。
</段落>
```

「ここから」をカットし、「ここまで」を半角の「/」に変更する

タグを英語にする

これですっきりとして見やすくなりました。しかし、HTMLのタグは日本語ではなく英語で作られて
いるはずです。そこで、タグ内の日本語部分を英語にしてみましょう。

まず、「見出し」は「heading」にします。大見出しの「大」はそのまま「大」「中」「小」のようにあら
わしてもいいのですが、そうすると見出しの種類が「大見出し」「中見出し」「小見出し」の3段階に限定
されてしまいます。ここではもっと多くの階層の見出しが表現できるように、大きい方の見出しから順に
数字であらわすようにしてみましょう。ここでは、「大見出し」は「heading1」ということにします。
次は「段落」です。「段落」は英語では「paragraph」です。というわけで、タグの日本語部分を英語
に変更すると次のようになります。

```
<heading1>
かちかち山
</heading1>

<paragraph>
昔々、ある会社に山田という名前の若い社長さんがおりました。社長仲間のあいだでは「やま」と呼ばれていまし
た。山田社長には、ことあるごとに「Win-Winの考え方が大切なんです」と語りだすクセがありました。
</paragraph>
```

タグ内の日本語を英語に変更

さらにタグを短くする

やっと英語にはなったのですが、一度はすっきりとして見えていたタグが、英語に変更したとたんに
何だか少し見にくくなってしまいました。本来、タグは印なのですから、ごちゃごちゃした長い単語で
はなく、短くて記号のようにすっと目に入ってくる方がよさそうです。

そんなわけで、ここは思いきって単語の先頭の文字だけを使うように変更してみましょう。

```
<h1>
かちかち山
</h1>

<p>
昔々、ある会社に山田という名前の若い社長さんがおりました。社長仲間のあいだでは「やま」と呼ばれていまし
た。山田社長には、ことあるごとに「Win-Winの考え方が大切なんです」と語りだすクセがありました。
</p>
```

英単語は短くして、単語の1文字目だけを使うことにする

とてもすっきりとして、見やすく、印らしくなりました。そして、最初は日本語で仮につけてみたタグ
が、この段階で見事にHTMLのタグに変身しています[1]。ここでは、HTMLのタグの本来の意味を分
かりやすく示すために少々まわりくどいタグのつけ方をしてみましたが、実際にWebページを制作す
る場合は、テキストに単純に**<h1></h1>**や**<p></p>**を挿入するだけでOKです。

ページ全体の枠組みを作る

ところで、HTMLのタグのつけ方としてはこれでOKなのですが、これだけでHTMLが完成したわけ
ではありません。文法的に正しいHTMLファイルにするためには、これらの他にページ全体の枠組み
となるタグが必要なのです。具体的には、次のようなものです。意味不明で少し複雑なものに見える
かもしれませんが、今の段階ではこれらは"決まり文句"のようなものだと考えておいてください。

sample/0221/index.html[2]

```
01    <!DOCTYPE html>
02    <html>
03    <head>
04    <meta charset="utf-8">
05    <title>サンプル</title>
06    </head>
07    <body>
08
09    </body>
10    </html>
```

全体の枠組みとなるタグ

※1　これらは、実際にもっとも頻繁に使用されるHTMLのタグなのですが、すべてのタグがこれらのように先頭の1文字だけを使
う省略形になっているわけではありません。HTMLのタグの中には、別の省略方法がとられているものや、まったく省略され
ていないものもあります。

※2　一般的なテキストファイルの拡張子は「.txt」ですが、HTMLファイルの場合は「.html」または「.htm」となります（サー
バーの設定で変更することも可能です）。

では、この枠組みの中に先程タグをつけたテキストを組み込んで、HTMLファイルとして完成したものにしてみましょう。最初にタグをつけたテキスト全体を選択してコピーし、ページ全体の枠組みの1行あいているところ（**<body>**と**</body>**の間）にペーストしてください。

sample/0222/index.html

```
01   <!DOCTYPE html>
02   <html>
03   <head>
04   <meta charset="utf-8">
05   <title>サンプル</title>
06   </head>
07   <body>
08   <h1>
09   かちかち山
10   </h1>
11   <p>
12   昔々、ある会社に山田という名前の若い社長さんがおりました。社長仲間のあいだでは「やま」と呼ばれ
     ていました。山田社長には、ことあるごとに「Win-Winの考え方が大切なんです」と語りだすクセがあ
     りました。
13   </p>
14   </body>
15   </html>
```

タグをつけたテキストを、ページ全体の枠組みの中に組み込む

これで文法的にもまったく問題のない完璧なHTMLファイルが完成しました。HTMLファイルを作るということは、このようにテキストの各部分に**<h1></h1>**や**<p></p>**のようなタグをつけていく作業が中心となります。

つまり、HTMLであらかじめ決められているタグをざっと覚えておき、テキストを見てそこにふさわしいタグをつけられるようになればOKなのです。誰にでもできる簡単な作業ですので、安心してどんどん進めていきましょう。

CSS を使ってみよう！

次は CSS を使ってみましょう。HTML でタグをつけた部分に、表示の指定をしてみます。

CSS ファイルを読み込ませる

さて、文法的に正しい HTML ファイルは完成しましたが、表示方法はまだ一切指定していません。この段階で HTML を表示させるとどのようになるのかを確認してみましょう。

第 2 章 -2 で完成させたファイル（sample/0222/index.html）をブラウザで開いてください。ほぼ右のように表示されるはずです（ブラウザの設定によって表示結果は異なります）。

かちかち山

昔々、ある会社に山田という名前の若い社長さんがおりました。社長仲間のあいだでは「やま」と呼ばれていました。山田社長には、ことあるごとに「Win-Winの考え方が大切なんです」と語りだすクセがありました。

表示指定をしていない状態での HTML の表示

では、さっそくこれに CSS を適用してみましょう。「sample/0230」フォルダの中には、すでに CSS を書き込んだファイル「style.css」が用意してあり、あとは HTML からそれを読み込むだけで表示指定が適用されるようになっています。CSS ファイルを読み込ませる指定は次のとおりです。

sample/0230/index.html

```
01   <!DOCTYPE html>
02   <html>
03   <head>
04   <meta charset="utf-8">
05   <title>サンプル</title>
06   <link rel="stylesheet" href="style.css">  ←──── この行を追加
07   </head>
08   <body>
09   <h1>
10   かちかち山
11   </h1>
12   <p>
```

```
13    昔々、ある会社に山田という名前の若い社長さんがおりました。社長仲間のあいだでは「やま」と呼ばれ
      ていました。山田社長には、ことあるごとに「Win-Winの考え方が大切なんです」と語りだすクセがあ
      りました。
14    </p>
15    </body>
16    </html>
```

CSSファイル「style.css」を読み込む指定を追加

「sample/0230」フォルダ内の「index.html」は、CSSを読み込む指定をすでに追加してありますので、それをブラウザで表示させてみましょう。

右のように表示されるはずです（表示結果はOSの種類やそのバージョンによって多少の違いがあります）。

かちかち山

昔々、ある会社に山田という名前の若い社長さんがおりました。社長仲間のあいだでは「やま」と呼ばれていました。山田社長には、ことあるごとに「Win-Winの考え方が大切なんです」と語りだすクセがありました。

CSSファイルを読み込ませたあとの表示結果

読み込ませたCSSの内容を確認する

表示結果ががらりと変化しました。続けて、具体的にどのようなCSSを指定すればこのような表示になるのかを確認してみましょう。テキストエディタで、「sample/0230」フォルダ内の「style.css」を開いてください。

では、ざっくりとですが、この指定内容を説明します。赤で示した部分は、それぞれ何に対する表示指定であるのかを示しています。先頭にある**body**というのは、HTMLの枠組みの中にあった**<body>**と**</body>**の範囲のことで、ひとことで言えばページ全体を意味します。**h1**はもちろん**<h1>**と**</h1>**で囲った大見出しのことで、**p**は**<p>**と**</p>**で囲った段落のことです。

つまり、**body { }** の中に書かれているのは

sample/0230/style.css※

```
01    body {
02        margin: 60px;
03        font-family: serif;
04        background: green;
05    }
06
07    h1 {
08        color: white;
09        font-size: 24px;
10        text-shadow: 1px 1px 2px black;
11    }
12
13    p {
14        color: white;
15        font-size: 18px;
16        text-shadow: 1px 1px 2px black;
17        line-height: 1.8;
18    }
```

「style.css」に書かれている全内容

※ CSSファイルの拡張子は「.css」です（サーバーの設定で変更可能です）。

ページ全体に対する表示指定、h1 { } の中に書かれているのは大見出しの表示指定、p { } 中に書かれているのは段落の表示指定、ということです。シンプルで分かりやすい書式です。

表示指定もシンプルで、たとえば「color: white;」は文字色を白にする指定です。つまり、「○○○：□□□；」の書式で「何を：どうする；」といったパターンで指定すればよいのです。文字色を赤にしたければ「color: red;」でOKです。

表示指定の「何を」の部分を見るとおおよその予測ができるかと思いますが、bodyに対する指定のmarginはマージン（余白）、font-familyはフォントの種類、backgroundは背景の指定となります。h1とpに指定されているfont-sizeはフォントサイズ、text-shadowは文字につける影、line-heightは行間（正確には行の高さ）です。

CSSを書き換えてみる

CSSがどのようなものであるのか、おおまかなイメージがつかめたと思いますので、「style.css」に書かれている内容を少し書き換えてみて、表示がどのように変化するのかを見てみましょう。

まずはページ全体の背景色を変えてみましょう。現在は「green」になっていますが、これを「orange」に書き換えて上書き保存します。

```
01  body {
02      margin: 60px;
03      font-family: serif;
04      background: orange;
05  }
06              ↑
           green を orange に変更
07  h1 {
08      color: white;
09      font-size: 24px;
10      text-shadow: 1px 1px 2px black;
11  }
12
13  p {
14      color: white;
15      font-size: 18px;
16      text-shadow: 1px 1px 2px black;
17      line-height: 1.8;
18  }
```

ページ全体の背景色を変更する

「index.html」をブラウザで再表示させると、ページ全体の背景色がオレンジ色に変わっています。

かちかち山

昔々、ある会社に山田という名前の若い社長さんがおりました。社長仲間のあいだでは「やま」と呼ばれていました。山田社長には、ことあるごとに「Win-Winの考え方が大切なんです」と語りだすクセがありました。

ページ全体の背景色がオレンジ色になった

次は大見出しのフォントサイズを変更します。現時点では「24px」、つまり24ピクセルになっていますので、これを「50px」に変更します。ピクセル単位であることを示す「px」の部分はそのままにして、数字だけを24から50に変更すればOKです。このとき、数字とpxのあいだにスペースを入れないようにしてください。書き換えが終了したら、上書き保存します。

```
01    body {
02       margin: 60px;
03       font-family: serif;
04       background: orange;
05    }
06
07    h1 {
08       color: white;                24px を 50px に変更
09       font-size: 50px;  ←
10       text-shadow: 1px 1px 2px black;
11    }
12
13    p {
14       color: white;
15       font-size: 18px;
16       text-shadow: 1px 1px 2px black;
17       line-height: 1.8;
08    }
```

ページ全体の背景色を変更する

「index.html」をブラウザで再表示させると、大見出しのフォントサイズが50ピクセルに変わっています。

大見出しの文字サイズが大きくなった

次に、大見出しと段落内のテキストにつけられているテキストの影を消してみましょう。そうするには、右のように text-shadow ではじまる行を削除するだけでOKです。削除したら、上書き保存してください。

```
01    body {
02       margin: 60px;
03       font-family: serif;
04       background: orange;
05    }
06
07    h1 {
08       color: white;                この行を削除する
09       font-size: 50px;
10       text-shadow: 1px 1px 2px black;
11    }
12
13    p {
14       color: white;                この行を削除する
15       font-size: 18px;
16       text-shadow: 1px 1px 2px black;
17       line-height: 1.8;
18    }
```

h1とpの文字に影をつける指定を行ごと削除する

「index.html」をブラウザで再表示させる
と、大見出しと段落内のテキストにつけられ
ていた影が消えています。

テキストの影が消えた

最後に、段落内のテキストの行間を変更して
みましょう。ここではわかりやすく「行間」と
表現しましたがCSSで設定できるのは、実際
には「行と行のあいだの距離」ではなく「行
自体の高さ」です。現在の「1.8」という数値
は、行自体の高さを「フォントサイズの1.8
倍」にする指定です。ここではそれを1.0倍
（つまり行の高さとフォントサイズが同じ状
態）に変更してみましょう。「1.8」を「1.0」
に書き換えて上書き保存してください。

```
01   body {
02       margin: 60px;
03       font-family: serif;
04       background: orange;
05   }
06
07   h1 {
08       color: white;
09       font-size: 50px;
10   }
11
12   p {
13       color: white;
14       font-size: 18px;
15       line-height: 1.0;  ← 1.8を1.0に変更
16   }
```

pの行間を変更する

「index.html」をブラウザで再表示させる
と、段落内の行間が狭くなっています。

たいへん簡単なサンプルではありましたが、
実際にテキストにタグをつけてHTMLにし、
それにCSSを適用して表示方法も少し変更
してみました。これでHTMLとCSSのイ
メージは掴むことができたのではないかと
思います。あとは細かいことを少しずつ覚え
ていけばいいだけです。楽しみながらどんど
ん進めていきましょう！

段落の行間が狭くなった

といいつつ、次の第3章のタイトルを見ると「文法的なカタい話」となっています（書き方の基本的
なルールや専門用語などを学習します）。
退屈でちょっと眠くなるかもしれない内容ですが、HTMLとCSSをきちんと覚えるには避けて通る
ことのできない重要な部分ですので、ここだけはちょっと頑張って覚えてください。

文法的なカタい話

これからHTMLのタグとCSSの表示指定を少しずつ
学習していきますが、その前にHTMLとCSSの説明
で使われる用語や書式の基本ルールを覚えておきま
しょう。第4章以降をスムーズに進めていくにはどう
しても必要な知識ですので、しっかりと覚えてくだ
さい。

HTMLのタグを
正しくつける意味

第3章

1

適切な範囲に対して適切なタグをつけることで、HTMLはさまざまな環境で利用可能な「万能データ」になります。ここでは、タグを正しくつけることの意味を理解しておきましょう。

Webページのデータを HTML と CSS に分けた理由

かつてのWebページは、ワープロと同様の感覚で、どう表示させるかということだけを考えて制作されていました。しかも、CSSは一切使わずに、HTMLの表を作る機能を利用して、HTMLだけで作られていたのです（いわゆるテーブルレイアウトという制作手法です）。

しかし、それでは当然のように無理が生じます。HTMLで表示指定をおこなうと、ページ内の各部分ごとに表示指定を埋め込んでいくことになりますので、HTMLファイルの容量はかなり大きなものとなります。そして、表示指定がその場所ごとに埋め込まれているということは、たとえば100ページあるサイトの表示を変更しようと思ったら、100ページすべてを修正する必要があることにもなります。昔のWebページは、容量がムダに大きく、その分だけ読み込みにも時間がかかり、変更するにも大きな手間のかかるものだったのです。

それぞれの HTML ファイル内に表示指定が組み込まれている場合

HTMLで表示指定をおこなった場合、100ページの表示変更をするなら、100ページすべてを修正する必要がある

そこで、徐々にではありましたが、表示指定にCSSが利用されるようになってきました。表示指定をHTMLから取り除き、独立したCSSファイルにして、それを各HTMLから読み込ませる方式に変更したのです。これによって、HTMLファイルの容量は劇的に少なくなり、100ページの表示変更もHTMLに手を加えることなくCSSを修正するだけで済むようになりました。しかも、CSSファイルは一度読み込まれればキャッシュされますので、表示指定のデータを毎回新しく読み込む必要はなくなり、結果としてWebページの表示速度は驚くほど早くなりました。

表示指定は CSS ファイル内に書き、各 HTML はそれを読み込んでいる場合

CSSで表示指定をおこなえば、100ページの表示変更でもCSSを変更するだけでOK

HTMLのタグを正しくつけるメリット

このようにしてCSSは徐々に普及していったのですが、その一方でHTMLのタグに関してはあまり注意を払わずに作る人が多くいました。

具体的に言うと、ページ内の多くの部分に対して `<div>`〜`</div>` というタグばかりをつけてしまうという制作方法です。

これはつまり、HTMLを「ページ内の構成要素として何であるかを示す印」として使うのではなく、「単純に範囲だけを示す印」として使っていることになります。それでもCSSを使用するメリットの多くは得られますが、それではWebページが本来持っているポテンシャルの一部しか発揮できないページになってしまいます。

```
01  <div id="h001" class="heading">
02  〇〇〇〇〇
03  </div>
04  <div class="honbun">
05  〇〇〇〇〇〇〇〇〇〇〇〇〇〇〇〇〇
06  </div>
07  <div class="honbun last">
08  〇〇〇〇〇〇〇〇〇〇〇〇〇〇〇〇〇
09  </div>
10  <div id="h002" class="heading">
11  〇〇〇〇〇
12  </div>
13  <div class="honbun">
14  〇〇〇〇〇〇〇〇〇〇〇〇〇〇〇〇〇
15  </div>
16  <div class="honbun last">
17  〇〇〇〇〇〇〇〇〇〇〇〇〇〇〇〇〇
18  </div>
```

適当になんでも同じタグを使って範囲だけ示してしまうと、それらを区別するために余分な属性（赤で示した部分）をつける必要が生じる。また範囲は分かるが、それらが何であるのかは分かりにくい

まず、なんでもかんでも同じタグをつけてしまうと、それらを区別するために後述する「属性」というものを別途追加する必要が出てきます。見出しに対して見出しのタグ、本文の段落に対して段落のタグ、というように当たり前にタグがついていればそのままシンプルに表示指定できるものが、分かりにくくなり逆に複雑化することになるわけです。もちろん、余分なものを追加する分、ファイルの容量も増えます。

正しいHTMLは万能データ

さらに、ページ内のどの部分にも同じタグがつけられていると、多種多様な機器（今後新しく出現するであろう未知の機器も含む）で利用することが難しくなってしまいます。たとえば、ページの内容を音声で読み上げる場合を考えてみてください。どの部分にも同じタグしかついていなければ、タグは何かしらの範囲を示しているということが分かるだけで、あってもほとんど意味がありません。それでは、タグのない単純なテキストファイルと同じようなものです。

しかし、もし見出しに対して見出しのタグ、本文の段落に対して段落のタグ、というように適切にタグがつけられていれば、そのタグは大きな意味を持ちます。たとえば、Webページの内容を音声で読み上げさせる場合には、見出しの前で特定の音を鳴らしてそれが見出しであることを伝えたり、見出しと段落を別の音声で読み上げさせることで区別することも可能になります。また、単純に一定サイズのテキストしか出力できないような機器／ブラウザであっても、見出しは中央揃え、本文は左揃え、といったようにしてそれらを区別できます。つまり、正しく適切にタグがつけられていれば、一般的なブラウザとはまったく異なる環境でも利用できる"万能データ"になるということです。そして、それこそがWebページの持つ最大の能力であり特徴でもあるのです。

適切にタグがつけられていれば、環境に合わせた表現で出力可能な"万能データ"となる

HTMLの基礎知識

HTMLの正しい知識を身につけるには、いくつかの専門用語や決まりごとを知っておく必要があります。ここでは、学習の前提となる「HTMLの基礎知識」について説明します。

HTMLの専門用語

これからHTMLの説明をしていくにあたって、その説明が何を指しているのかがハッキリと分かるようにするために、まずはHTMLで使われる用語から覚えていきましょう。

右は、第2章でテキストにタグをつけたときのソースコードの一部（大見出しとしてタグをつけた部分）です。
タグはテキストの特定の範囲の前後につけますが、前のタグを**開始タグ**、後ろのタグを**終了タグ**と言います。そして、開始タグから終了タグまで

テキストにHTMLのタグをつけたときの各部分の名称

を含む全体を**要素**と呼びます（Webページの構成要素という意味です）。
開始タグと終了タグの間にはさまれているテキストは**要素内容**、または単に内容と言います。この中でも特に頻繁に使用される用語は「要素」です。たとえば「<h1>〜</h1>」の範囲全体を指し示す場合に「h1要素」と表現したり、タグの内部の「h1」の部分だけを指して「要素名」と呼ぶなどして使用されます。

属性とは？

要素には、その要素の特性や状態などを示すために属性を指定することもできます。
属性は「○○○="□□□"」または「○○○='□□□'」の書式で、開始タグの要素名の直後に半角スペースで区切って書き入れます。

属性は「属性名="属性値"」の書式で指定する（「"」の代わりとして「'」も使用可能）。「属性値」は、単に「値」と呼ばれる場合もある

属性には、その要素に固有のもの、どの要素にも共通して指定できるものなどがあり、半角スペースで区切って必要な数だけ順不同で指定できます。

```
01    <h1 id="pagetitle" class="blog" lang="ja">
02    かちかち山
03    </h1>


01    <h1 lang="ja" class="blog" id="pagetitle">
02    かちかち山
03    </h1>
```

属性は順不同でいくつでも指定できる。
上の2つのソースコードは属性の指定順序が異なるが、意味的にも表示結果にも違いはない

半角スペース・改行・タブの表示

ソースコード上でタグの直前または直後に入れた半角スペース・改行・タブは、ブラウザでの表示に**影響を与えません**。たとえそれらが複数連続で入っていたとしても、それらが無いかのように表示されます。

たとえば、以下のソースコードの表示結果はどれも同じになります（つまり、どの書き方をしてもOKです）。

```
01    <h1>かちかち山</h1>


01    <h1>↵
02    かちかち山↵
03    </h1>


01    □□□□□□<h1>↵
02    □□□□□□かちかち山↵
03    □□□□□□</h1>
```

タグの直前または直後に半角スペース・改行・タブを入れても、表示には影響しない

また、開始タグと終了タグの間、つまり要素の内容として入れたテキスト内部の改行やタブは、ブラウザで表示されるときには1つの半角スペースに置き換わります。

要素内容として入れたテキストの途中で改行させたい場合には、第5章で登場する改行用のタグが別途必要となる点に注意してください。

また、半角スペース・改行・タブのうちいずれかを連続して入れた場合は、それらはまとめて半角スペース1つになって表示されます（これは単語を半角スペースで区切って表示する英語のような言語のテキストを適切に表示するためです）。

```
01    <h1>Win Win Yama</h1>
02
03    _____<h1>⏎
04    _____Win⏎
05    _____Win⏎
06    _____Yama⏎
07    _____</h1>
```

はじめのh1要素の内容は単純に半角スペース1つで区切ってあり、2つ目のh1要素は単語間に改行と8つの半角スペースを入れてある

Win Win Yama
Win Win Yama

上のソースコードをHTMLの枠組みの中に入れてブラウザで表示させたところ。改行とそれに続く8つの半角スペースは、1つの半角スペースに置き換えられている

特別な書き方が必要となる文字

HTMLのソースコードの中に半角の「<」または「>」を記入すると、タグの一部だと認識されます。そのため、文字として「<」または「>」を表示させたい場合には、表のような特別な書き方をする必要があります。

ソースコード上の書き方	ブラウザでの表示
&lt;	<
&gt;	>

半角の「<」または「>」を表示させたい場合には、このように書く

なお、この書き方をする場合は、同じアルファベットでも小文字と大文字は別の文字として扱われますので、必ずこの表の通りに小文字で書いてください。

このように、HTMLにおいて特別な役割を持っていたり、キーボードから直接入力できないような特殊な文字を表示させるには、&○○○;という書式を使います。ちなみに、「<」を示すために使われている「lt」は「less than（より小さい）」の略で、同様に「gt」は「greater than（より大きい）」の略です。

&○○○; という書式が特別な意味を持っているため、「<」「>」と同様に半角の「&」を表示させたい場合にも特別な書き方をする必要があります。

また、属性は「属性名="属性値"」の書式で書き込みますが、属性値の中に「"」を書き込むとそこで属性値が終了したと見なされてしまいます。そこで、属性値の中にも「"」を入れられるように、これにも特別な書き方が用意されています。

ソースコード上の書き方	ブラウザでの表示
&amp;	&
&quot;	"

半角の「&」を表示させたい場合や、半角の「"」を属性値の中で使用したい場合には、このように書く

ここで紹介した &○○○; という書式で入力できる文字は、このほかにもたくさんあります。入力可能なすべての文字の一覧は仕様書にありますので、必要になった場合には以下のページで確認してください。

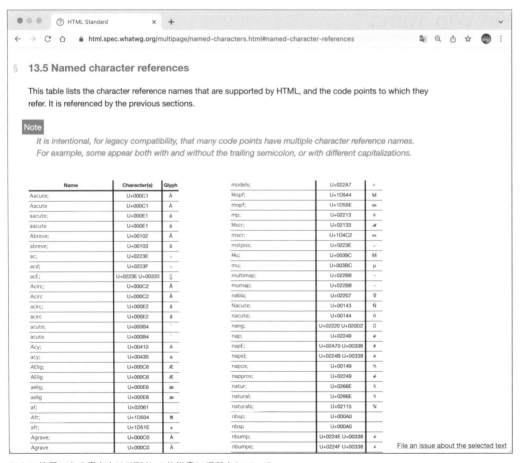

ほかに使用できる書き方はHTMLの仕様書に掲載されている。
https://html.spec.whatwg.org/multipage/named-characters.html

コメントの書き方

HTMLのソースコードの中には、表示に影響することのないコメント（注釈やメモのようなもの）を書き込んでおくことができます。HTMLでは、下のように <!-- と --> で囲った範囲がコメントとなります。

```
01   <!--コメント-->


01   <!--
02   コメント
03   -->
```

コメントの書き方。<!-- と --> で囲われた範囲がコメントとなる

たとえば、ソースコード上で開始タグと終了タグが極端に離れているような場合に、終了タグの直後にコメントを入れて対応する開始タグがどれなのかが分かるようにしておく、といった使い方をします。

HTMLのバージョンについて

一口にHTMLと言っても、その文法や使える要素・属性はバージョンごとに異なっています。ここでは、「HTML5」以降のバージョンの変化について簡単に説明しておきます。

Webアプリケーションに対応した「HTML5」

HTML5よりも前のバージョンのHTMLは、すべてW3C（World Wide Web Consortium）というWeb技術の標準化を推進する非営利団体によって策定され、公開されてきました。しかし2014年に公開されたHTML5は違います。Apple・Mozilla・OperaというWebブラウザを開発する法人によって設立されたWHATWG（Web Hypertext Application Technology Working Group）という団体が作り上げた「Web Applications 1.0」と「Web Forms 2.0」という仕様をベースにして、WHATWGとW3Cが共同で策定したものです。

「Web Applications 1.0」という仕様がベースになっていることからもわかるように、「HTML5」はWebアプリケーションを作成するためのオープン・ウェブ・プラットフォームという位置付けで開発されました。そのため、HTML5という名称はまた、Webアプリケーションを作成するための総合的な仕様群のシンボル的な総称としても用いられ、その場合はHTML5の中にCSS3やSVG、Canvas、各種APIなどの技術も含まれます。

HTML5は、2017年には「HTML 5.2」にまでバージョンアップされましたが、その次の「HTML 5.3」は仕様の策定が中断され、新しく「HTML Living Standard」が採用されることとなります。

W3Cの「HTML 5.2」からWHATWGの「HTML Living Standard」へ

W3CとWHATWGの共同作業はのちに中断され、WHATWGは「HTML Living Standard」というバージョン番号のない（常に最新の仕様に更新し続けられる）HTMLの規格を別途作成します。これによってHTMLの規格は、W3Cの「HTML5」とWHATWGの「HTML Living Standard」という2つの系統に分裂してしまうこととなりました。最終的にW3C側が規格策定の継続を断念し、2019年にはWHATWGの「HTML Living Standard」だけをHTMLの標準規格とすることが決定されます。

とはいえ、W3Cの「HTML 5.2」とWHATWGの「HTML Living Standard」は非常に良く似ており、その違いで考えると「HTML Living Standard」は「HTML 5.4」もしくは「HTML 5.5」のような規格となっています。実際に「HTML Living Standard」の仕様書の中にある「これ（HTML Living Standard）はHTML5ですか？」という質問の回答には「手短に言えばそうなります」という意味のことが書かれています。したがって、「HTML Living Standard」は「HTML5」の流れの延長線上にある最新のHTMLの規格であると言えます。

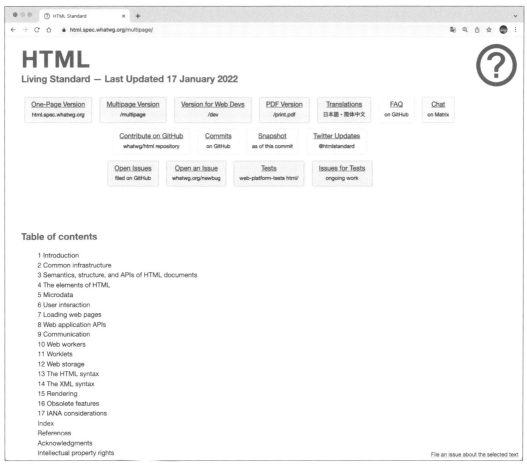

HTML Living Standardの仕様書のページ（https://html.spec.whatwg.org/）

✏ Column ／ **大文字と小文字の区別**

HTMLもCSSも、基本的には大文字と小文字を区別しません（id属性の値のような一部の例外を除く）。したがって、要素名や属性名などは大文字で書いても小文字で書いてもどちらでもかまいません。しかし、文法的に間違いではないとはいえ、統一性のないソースコードは読みにくいものです。世界中の多くのページが現在そうなっているように、通常は小文字で統一して書いておくのが良いでしょう。

CSSの基礎知識

続いてCSSについて説明します。CSSの書式を構成する各部分にも名前がつい
ていますので覚えておきましょう。書き方のルールについても紹介します。

CSSの専門用語

次はCSSです。まずはCSSで使われる専門用語から説明します。

```
          h1 { color: white; }

セレクタ        プロパティ名      プロパティ値


          h1
          {
              color: white;          ◄───────── 宣言
宣言ブロック     font-size: 24px;        ◄───────── 宣言
              text-shadow: 1px 1px 2px black;  ◄───────── 宣言
          }
```

CSSのソースコードの各部分の名称

CSSは、表示指定をどの要素に対して適用するのかを最初に示しますが、その部分のことを**セレクタ**
(selector) といます。

そして、その要素に対する具体的な表示指定は、セレクタに続く { } の中に書いていきます。1つひ
とつの表示指定（「何をどのようにするか」を示す部分）は**宣言**と言い、{ } を含むその範囲全体を**宣
言ブロック**と言います。

1つの宣言は、**プロパティ名**（「何を」を示す部分）と**プロパティ値**（「どのようにする」を示す部分）
を順にコロン（:）で区切って指定します。通常はその直後にセミコロン（;）をつけますが、これは
宣言と宣言を区切るための記号なので、宣言ブロック内の最後の宣言にはつけなくてもかまいません。

書き方のルール

セレクタ、プロパティ名、プロパティ値、{ } : ; の各記号の前後には、半角スペース・改行・タブを自由に入れることができます。したがって、次のようなさまざまな書き方が可能です。

```
01  h1 {
02    color: white;
03    font-size: 24px;
04  }


01  h1
02  {
03         color      :   white  ;
04         font-size  :   24px   ;
05         }


01  h1{color:white;font-size:24px;}
```

書式を構成する各部分の間には、半角スペース・改行・タブを入れることができる

どのような書き方をするのも自由ですが、いつも同じ書き方をしておかないとコピー&ペーストによって書式がバラバラになったり、予想外の編集ミスを招いたりすることがあります。

また、CSSの適用対象を示すセレクタは、カンマ（,）で区切って同時に複数を指定できます。たとえば、h1要素、h2要素、p要素に同時に同じ表示指定をする場合は、次のように書きます。

```
01  h1, h2, p {
02    color: white;
03    font-size: 24px;
04  }

01  h1,
02  h2,
03  p
04  {
05    color: white;
06    font-size: 24px;
07  }
```

複数の適用先に同時に同じ表示指定をするには、セレクタをカンマで区切って指定する

コメントの書き方

HTMLと同様に、CSSのソースコード内にもコメントを書き込むことができます。CSSでは /* と */ で囲った範囲がコメントとなります。

ソースコード内に説明や注釈を入れておきたい場合や、表示指定を一時的に無効にしたいときなどに利用できます。

```
01   /*コメント*/


01   /*
02   コメント
03   */
```

CSSのコメントの書き方。/* と */ で囲われた範囲がコメント

CSS のバージョンについて

正確に言えば、CSS2.1やCSS3の「2.1」や「3」という数字はバージョンでは
ありません。CSSの場合に限り、これらの数字は「バージョン」ではなく「レベ
ル」をあらわしているという点に注意してください。

CSSのバージョンはレベルであらわす

厳密に言えば、一般的な意味でのバージョンはCSSにはありません。CSSでは"バージョン"ではな
く"レベル"という用語が使われており、新しいレベルのCSSはすでにあるレベルのCSSをベースに
した上で、それに加えて機能の追加や改良をおこなうことになっています。つまり、レベルの数字が
増えるということは「仕様全体が新しいものに切り替わる」のではなく「これまでの仕様をベースに
して新しい機能を追加する」ということを意味します。ただし、そのような意味合いを除けば、この
レベルという用語もバージョンと同じようなものとして使用されています。

CSSには「CSS1」「CSS2.1」「CSS3」といったレベルがあります。もっとも古いCSS1（CSSレベ
ル 1）は1996年に完成したもので、あまりにも古くなってしまったために事実上は廃止された状態と
なっています。そのため、現在のCSSのベースとなっているのはCSS2.1（CSSレベル 2 リビジョン
1）です。CSS2.1は、CSS2の最初の仕様にあった誤りを訂正し、さらに仕様の細部を調整したもの
ですが、長期にわたり使用されてきたために訂正箇所も多く見つかっており、また現実にそぐわなく
なっている部分もあります。

CSS3（CSSレベル 3）からは仕様書を機能別に分割してモジュール化し、小さく分割された仕様を
個別に策定していくこととなりました。それまでの仕様は内容も膨大なものとなっており、1つのまと
まった仕様として完成させるには多くの時間と労力がかかっていたからです。モジュール化すること
によって、早急に作成する必要のある機能の仕様を優先して早く完成させることも可能になります。

その一方で、CSS3で仕様がモジュール化されたことによって、各モジュールの仕様策定の進展状況
には大きな差が生じることとなりました。あるモジュールは何年も前に完成しているのに対し、まった
く先に進んでいないように見えるモジュールもあります。そのため、CSSという言語に対して統一的
に同じレベルを適用することは中止され、そのかわりにモジュールごとにレベルを適用していくこと
になりました。今すでにレベル3に達しているモジュールは、個別にレベル4、レベル5と進んでいく

ことができますし、これまでにないまったく新しい機能のモジュールを作るときにはレベル1から開始されるということです。

本書では、CSS2.1の主要な機能の解説をベースにしつつ、必要に応じてCSS3以降の「現在では使用が必須となっている機能」「多くのサイトですでに導入されている機能」などを加えて解説していきます。

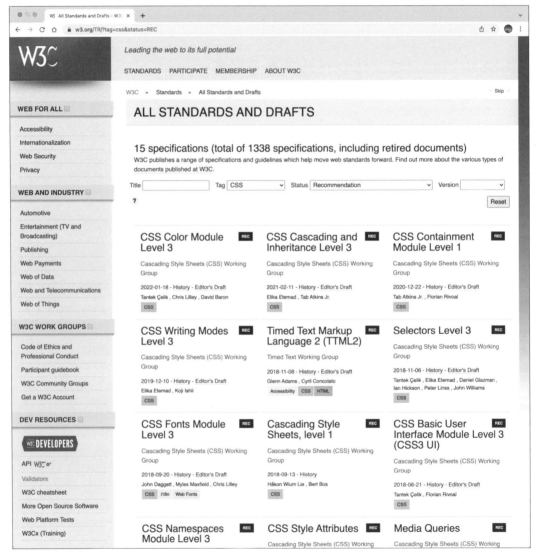

すでに完成しているCSSの仕様の一覧が確認できるページ（https://www.w3.org/TR/?tag=css&status=REC）。2022年3月の時点で完成している（W3C勧告となっている）CSS関連の仕様は15しかない。

ページ全体の枠組み

第4章ではHTMLのページ全体の枠組みを構成する各要素と、HTMLの中にCSSを組み込む方法について解説します。そして、背景関連のプロパティを使って、ページ全体の背景を指定するところまでを学習します。これ以降はHTMLの要素とCSSのプロパティがどんどん登場してきますので、一つひとつしっかりと覚えていきましょう。

HTMLの全体構造

ここでは、第2章で使った、ページ全体の枠組みを作るためのタグについて、改めて説明していきます。

第2章では、テキストにタグをつけたあとに、それらをページ全体の枠組みとなるタグの中に入れました。ここではまず、その枠組みの各部分について説明します。ここに書かれているタグは、すべてが文法的に必須というわけではありませんが、一般的なHTMLではよく使用されるものです。

```
01   <!DOCTYPE html>
02   <html>
03   <head>
04   <meta charset="utf-8">
05   <title>サンプル</title>
06   </head>
07   <body>
08
09   </body>
10   </html>
```

第2章で使用したHTMLのページ全体の枠組みとなるタグ

それでは、この枠組みの各部分を1つずつ確認していきましょう。

<!DOCTYPE html>

まずは先頭にある、普通のタグとはちょっと違った雰囲気の書式からです。実はこれはHTMLの中では特別な役割を持ったもので、要素のタグではなく**DOCTYPE宣言**（文書型宣言）と呼ばれているものです。

HTML5より前の各バージョンのHTMLには、それぞれにDTD（Document Type Definition：文書型定義）と呼ばれるファイルが用意されていました（Webの仕様を作成しているW3Cという組織のサイト内にあります）。DTDには、そのバージョンのHTMLではどの要素・属性が使用できるのか、各要素はどこに何回どの順序で配置できるのか、といった情報が独自の文法で記述されています。そして、そのDTDをHTMLの先頭にあるDOCTYPE宣言で指定することで、そのHTMLファイルがどのバージョンの文法にしたがって記述されているのかを示すルールになっていたのです（そのような意

味で文書型宣言という名前になっています)。

しかし、2000年頃から、各社ブラウザはこのDOCTYPE宣言を別の用途にも利用するようになっていきました。当時、HTMLで表示指定をしていたページのほとんどは文法を無視しており、DOCTYPE宣言はつけていなかったので、DOCTYPE宣言がなければ「HTMLで表示指定をしている旧式のページ」、DOCTYPE宣言があれば「標準仕様に準拠した新しいページ」という風に判定し、ブラウザの表示モードを自動的に切り替えるようになったのです。はじめにMac版のInternet Explorerがその方式を採用すると他社のブラウザもそれにならい、現在ではほとんどのブラウザが同様の仕組みになっています。

しかし、HTML5からはDTDはなくなりました。もともとDTDに書かれていた情報は、HTML5の仕様書の中に専用の言語を使用せずに書き込まれることになったからです。そのため、本来の意味からすればHTML5にはDOCTYPE宣言は不要となったのです。ところが現在のほとんどのブラウザは、DOCTYPE宣言をつけなければ「HTMLで表示指定をしている旧式のページ」と認識してそのページを扱ってしまうことになります(その場合、古いブラウザの独自仕様などに合わせた表示となるので正しい表示結果は得られなくなります)。そうなることを回避する目的で(つまりブラウザの表示モードを制御するだけの目的で)、HTML5以降では必要最低限のシンプルなDOCTYPE宣言をつけることとなっています。

なお、本書では `<!DOCTYPE html>` のように一部を大文字で記述していますが、DOCTYPE宣言は大文字で書いても小文字で書いてもOKです。

html要素

DOCTYPE宣言のあとには `<html>` 〜 `</html>` を配置します。それ以外の要素はすべてその中に書き込みます。

ある要素の中に直接入っている要素をその要素の**子要素**であると表現することがあります。逆に、自分を直接含んでいる要素は**親要素**ということになります。HTMLの各種要素をこのような親子関係で考えたとき、html要素はすべての要素の先祖ということになりますので**ルート要素**(the root element)とも呼ばれています。

```
01    <!DOCTYPE html>
02    <html>
03    <head>
04    <meta charset="utf-8">
05    <title>サンプル</title>
06    </head>
07    <body>
08
09    </body>
10    </html>
```

DOCTYPE宣言を除くすべての要素はhtml要素の中に入れる

head要素とbody要素

html要素以外の要素はすべてhtml要素の中に書き込みますが、html要素の中に直接入れることができるのは、**head要素**と**body要素**だけです。必ずhead要素・body要素の順で1つずつ入れる決まりになっています。

```
01    <!DOCTYPE html>
02    <html>
03    <head>
04    <meta charset="utf-8">
05    <title>サンプル</title>
06    </head>
07    <body>
08
09    </body>
10    </html>
```

html要素の中には、head要素とbody要素を順に1つずつ入れる

head要素は、そのWebページに関する情報を入れるための要素です。
たとえば、文字コードを示す要素、Webページのタイトルを示す要素、適用するCSSファイルのURLを示す要素、適用するJavaScriptファイルのURLを示す要素、といった要素を順不同で入れることができます。head要素に入れた内容は、基本的にはWebページの内容としてブラウザで表示されることはありません（ただし、タイトルはウィンドウのタイトルバーやタブなどに表示されます）。

それに対してbody要素には、ブラウザで表示させたい内容を入れます。つまり、ブラウザでWebページのコンテンツとして表示されるのは、body要素の中に入れられた内容なのです。body要素にも、必要な要素を順不同でいくつでも入れることができます。

このような、どの要素の中にどの要素をどの順番でいくつ入れられるか、というルールは要素ごとにあらかじめ決められています。本書では、巻末のAppendixで一覧表で掲載していますので、必要に応じて参照してください。

title要素

title要素は、そのWebページのタイトルであるテキストを入れる要素です。テキスト以外の他の要素は入れられませんので注意してください。

title要素の内容は、Webページを表示する際にブラウザのウィンドウのタイトルバーまたはタブに表示されます。この要素は、一般的なWebページであればhead要素の中に必ず1つだけ入れる必要があります（例外もあり、たとえばHTMLメールの場合はメール自身のタイトルがありますのでtitle要素は省略可能とされています）。

```
01   <!DOCTYPE html>
02   <html>
03   <head>
04   <meta charset="utf-8">
05   <title>サンプル</title>
06   </head>
07   <body>
08
09   </body>
10   </html>
```

Webページのタイトルはtitle要素の内容として書き込む

title要素の内容は、このようにタブやタイトルバーに表示される

meta 要素

meta要素は、そのWebページ自身に関するさまざまな情報（メタデータ）を示すことのできる要素です。

ここまでに紹介してきた要素とは異なり、meta要素は各種情報を要素内容ではなく属性の値に書き込んで示します。そのため、meta要素には常に要素内容がなく、終了タグもありません。HTMLにはこのようなタイプの要素がいくつかあり、それらは**空要素**と呼ばれています。

```
01    <!DOCTYPE html>
02    <html>
03    <head>
04    <meta charset="utf-8"> ◄──── meta要素は空要素なので開始タグのみ
05    <title>サンプル</title>
06    </head>
07    <body>
08
09    </body>
10    </html>
```

meta要素には、要素内容と終了タグがない

空要素は開始タグだけを書けばいいのですが、次のように開始タグの最後の > の直前に半角スペースとスラッシュ（/）を入れることもできます。

```
<meta charset="utf-8">

<meta charset="utf-8" /> ◄──── 半角スペース＋ / を入れてもOK
```

空要素は、このような2種類の書き方ができる

meta要素には、次の属性を指定することができます。

「文字コード」を指定する場合は、charset属性を使用します。「文字コード」以外の情報を指定する場合は、name属性またはhttp-equiv属性のいずれかで「情報の種類」を示し、具体的な情報はcontent属性の値として指定します。name属性とhttp-equiv属性のどちらを使用するかは、情報の種類によって異なります。

meta要素に指定できる属性

- **charset="文字コード"**
  このHTMLファイルがどの文字コードで保存されているのかを示します。
  文字コードは大文字で書いても小文字で書いてもかまいませんが、「HTML Living Standard」では「utf-8」以外の文字コードで保存することは禁止されており、charset属性の値には「utf-8」以外は指定できない点に注意してください。
- **name="情報の種類"**
  content属性で指定する情報の種類を名前で示します。
  情報の種類によってはhttp-equiv属性を使用します。
- **http-equiv="情報の種類"**
  content属性で指定する情報の種類を名前で示します。
  情報の種類によってはname属性を使用します。
- **content="情報"**
  name属性またはhttp-equiv属性で指定された種類の具体的な情報を指定します。

meta要素の典型的な使い方を示しますので参考にしてください。

```
<head>
・・・
<meta name="viewport" content="width=device-width, initial-scale=1.0">  …Ⓐ
<meta name="description" content="札幌のおいしいお店を紹介するブログです。">  …Ⓑ
<meta name="keywords" content="札幌 , グルメ , ジンギスカン , ラーメン">  …Ⓒ
・・・
</head>
```

meta要素の典型的な使用例

meta要素は、head要素内の任意の位置にいくつでも入れられます。

Ⓐは、このWebページをスマートフォンで見たときに、初期状態で縮小された状態にならないようにする指定です。この指定が必要になる理由と詳しい指定方法については「第11章　その他の機能とテクニック」で解説します。

Ⓑは、このWebページの紹介文（簡単な説明）を指定しています。ここで指定した紹介文は、検索された際の検索結果の一覧画面で、ページのタイトルとともに表示されます（この紹介文が使用されるかどうかは検索エンジンによって異なります）。

Ⓒは、このWebページを検索しやすくするためのキーワードを指定しています。ただし、この指定方法はSEO対策などで悪用されることがあるため、この指定を無視する検索エンジンもあります。

CSSの組み込み方

枠組みの各部分の意味と役割が分かったところで、次はそのHTMLにCSSを組み込むための3種類の方法を説明します。1つめは第2章でCSSファイルを読み込ませたときのlink要素を使う方法で、2つめはstyle要素を使ってHTMLファイルの中に直接CSSを書き込む方法、3つめはstyle属性を使用して属性値としてCSSを書き込む方法です。

link要素

第2章では、**link要素**を次のように使用してCSSファイルを読み込ませました（link要素は空要素です）。このように、rel属性の値にはキーワード「stylesheet」を指定し、href属性の値としてCSSファイルのURLを指定することで、CSSファイルを読み込ませることができます。link要素は、meta要素と同様にhead要素内の任意の位置にいくつでも配置できます。つまり、link要素を複数使用することで、複数のCSSファイルを読み込ませることもできるということです。

sample/0420/index.html

```
01   <!DOCTYPE html>
02   <html>
03   <head>
04   <meta charset="utf-8">
05   <title>サンプル</title>
06   <link rel="stylesheet" href="style.css">
07   </head>
08   <body>
09
10   </body>
11   </html>
```

第2章でCSSファイルを読み込ませたときの指定

実際には、link要素はCSSファイルを読み込ませるだけでなく、そのWebページに関連するさまざまなファイルを示すことのできる要素です。rel属性にはそのファイルの種類をあらわすキーワードを指定し、そのファイルのURLをhref属性で示します。

link要素には次のような属性が指定できます（多く使用されているもののみ抜粋）。

link要素に指定できる属性

- **rel="ファイルの種類"**
  関連するファイルの種類をキーワードで示します。
  指定できる値は次の通りです（主なもののみ抜粋）。なお、この値は大文字で書いても小文字で書いてもかまいません。

値	意味
stylesheet	スタイルシート（CSS）
alternate	代替バージョン（異なる言語や異なる媒体向けなど）
icon	Webページのアイコン（アイコン画像のファイルなど）
prev	連続しているページ中の前のページ
next	連続しているページ中の次のページ

- **href="ファイルのURL"**
  関連するファイルのURLを指定します。

- **media="適用対象"**
  CSSを適用する対象の出力媒体（パソコン画面・プリンタ・テレビなど）を限定したい場合に指定します。
  下の表に掲載されている値が指定できますが、さらに細かく複雑な指定方法もあります。詳細は第8章-4の「メディアクエリー」で解説します。この属性を指定しなかった場合は、「all」が指定された状態となります。なお、この値は大文字で書いても小文字で書いてもかまいません。

値	意味
all	すべての機器
screen	パソコン画面（スマートフォンやタブレット端末の画面も含む）
print	プリンタ
projection	プロジェクタ
tv	テレビ
handheld	携帯用機器（画面が小さく回線容量も小さい機器）
tty	文字幅が固定の端末（テレタイプやターミナルなど）
speech	スピーチ・シンセサイザー（音声読み上げソフトなど）
braille	点字ディスプレイ
embossed	点字プリンタ

- **type="MIMEタイプ"**
  関連するファイルのMIMEタイプを指定できます。「rel="stylesheet"」が指定されている場合、この属性のデフォルト値は「text/css」となります。したがって、CSSを読み込ませる際に「type="text/css"」を指定してもしなくても同じ結果となります。

CSS ファイルの文字コードの指定方法

HTML も CSS も UTF-8 で保存されているのであれば特に必要はありませんが、HTML と CSS の文字コードが違う場合には CSS 側にも文字コードを指定した方が安全です。CSS で文字コードを指定するには、ソースコードの先頭に次のように記述します（必ずファイルの先頭に記述する必要があります）。

```
@charset "文字コード";
```

文字コードは、UTF-8 の場合は「UTF-8」、シフト JIS の場合は「Shift_JIS」、EUC の場合は「EUC-JP」のように指定します。

style 要素

style 要素は、その内容として CSS を直接書き込むことができる要素です。style 要素が配置できるのは、head 要素の内部だけである点に注意してください。

sample/0421/index.html

```
01  <!DOCTYPE html>
02  <html>
03  <head>
04  <meta charset="utf-8">
05  <title>サンプル</title>
06  <style>
07  body { background: orange; }
08  h1, p { color: white; }
09  p { font-size: 18px; }
10  </style>
11  </head>
12  <body>
13  <h1>かちかち山</h1>
14  <p>
15  昔々、ある会社に山田という名前の若い社長さんがおりました。社長仲間のあいだでは「やま」と呼ばれ
    ていました。山田社長には、ことあるごとに「Win-Winの考え方が大切なんです」と語りだすクセがあ
    りました。
16  </p>
17  </body>
18  </html>
```

style 要素を使用すると、内容として CSS を直接記入できる

しかし、style要素を使用すると、HTMLファイルの中に表示の指定を組み込んでしまうことになり、他のHTMLとCSSの表示指定を共有できなくなってしまいます。

そのため、この方法はこの要素を使用すべきなんらかの理由がある場合（ブログサービスでHTMLのテンプレートしか変更できない場合など）に限定して使うべきものです。link要素と同様にmedia属性が指定できます。

style要素に指定できる属性

- **media="適用対象"**
  CSSを適用する対象の出力媒体（パソコン画面・プリンタ・テレビなど）を限定したい場合に指定します。指定できる値はlink要素のmedia属性と同様です。この属性を指定しなかった場合は、「all」が指定された状態となります。なお、この値は大文字で書いても小文字で書いてもかまいません。

style属性

任意の要素にstyle属性を指定して、その値としてCSSの宣言（プロパティ: 値;）部分を書き込むことができます。その際、指定した宣言はstyle属性を指定した要素に適用されますので、セレクタおよび宣言ブロックの範囲を示す記号 { } は不要です。

sample/0422/index.html

```
01  <!DOCTYPE html>
02  <html>
03  <head>
04  <meta charset="utf-8">
05  <title>サンプル</title>
06  </head>
07  <body style="background: orange;">
08  <h1 style="color: white;">かちかち山</h1>
09  <p style="color: white; font-size: 18px;">
10  昔々、ある会社に山田という名前の若い社長さんがおりました。社長仲間のあいだでは「やま」と呼ばれ
    ていました。山田社長には、ことあるごとに「Win-Winの考え方が大切なんです」と語りだすクセがあ
    りました。
11  </p>
12  </body>
13  </html>
```

style属性を使用すると、属性値としてCSSが直接記入できる

ただし、この方法を使用すると、HTMLのあちらこちらに細かく表示指定を埋め込んでしまうことになりメンテナンス性が低下します。style属性は、ちょっとした実験やテストをする際などに限定して使用すべきものだと考えた方がいいでしょう。

CSSの中にさらに別のCSSを読み込む

Column

link要素を使ってCSSファイルを読み込むのと同様に、CSSの中からさらに別のCSSファイルを読み込むための仕組みも用意されています。それがCSSの「@import 〜 ;」という書式です。
読み込むCSSファイルのURLは、文字列として "○○○" または '○○○' のように引用符で囲って指定するか、url(○○○)という関数形式で指定できます。

ただし、この書式はCSSのどの表示指定よりも前に配置する必要がある点に注意してください（文字コードを指定する@charsetがある場合はその直後に配置します）。

```
@import "style.css";
@import url(style.css);
```

CSSの中からさらに別のCSSファイルを読み込む際の書き方の例

```
@import url(print.css) print;
@import url(tv.css) tv, projection;
```

HTMLのmedia属性の値と同じものを指定することも可能

グローバル属性

HTMLの属性の中には、**style**属性のようにどの要素にも共通して指定できる属性があります。

どのHTMLの要素にも指定できる属性はグローバル属性と呼ばれており、2022年4月の時点では表の26種類が定義されています※。

属性名	値
id	固有の名前
class	種類を示す名前
style	CSSの「プロパティ: 値;」
title	補足情報
lang	要素の内容と属性値の言語の種類
accesskey	ショートカットキー
tabindex	タブキーによるフォーカスの移動の順序
autofocus	開くと同時にフォーカスする（指定する/指定しない）
contenteditable	編集の可・不可（true/false）
hidden	非表示（空文字列/hidden/until-found）
inputmode	入力モード（none/text/tel/url/email/numeric/decimal/search）
enterkeyhint	仮想キーボードの［Enter］キーの表示（enter/done/go/send/search/…）
autocapitalize	入力時の大文字化（on/off/sentences/none/words/characters）
dir	文字表記の方向（ltr/rtl/auto）
spellcheck	スペルチェックをするかどうか（true/false）
translate	ローカライズのときに翻訳するかどうか（yes/no）
draggable	ドラッグの可・不可（true/false）
nonce	Content Security Policy によるセキュリティ対策で使うノンス
slot	割り当てるslot要素のname属性の値
inert	不活性化（指定する/指定しない）
is	カスタム要素の名前
itemscope	要素内容にMicrodataを含んでいる（指定する/指定しない）
itemtype	Microdataのプロパティ名が定義されているURL
itemprop	Microdataのプロパティ名
itemid	Microdataのグローバル識別子であるURL
itemref	関連付けるMicrodataのid属性の値

※実際には、このほかにJavaScriptで使用できる60種類以上のイベントハンドラも定義されています。

グローバル属性の中には、頻繁に使用されるものもあれば、めったに使用されないものもあります。ここでは使用頻度が高く、覚えておくことが必須のグローバル属性をピックアップして紹介しておきます。

使用頻度の高いグローバル属性

id属性

要素に対して固有の名前をつける場合に使用します。id属性によってつけられた名前は、CSSでその要素だけに表示指定をする場合や、リンクによってページ内のその位置までジャンプさせる場合などに使用されます。id属性はページ内の特定の1つの要素（またはその場所）を示すものですので、同じページ内の別の場所で同じid属性の値を指定することはできません。id属性の値として使用できる文字には基本的に制限はありませんが、半角スペース・改行・タブだけは含めることができません。また、値には必ず1文字以上を指定する必要がある点と、同じアルファベットでも大文字と小文字は別の文字として扱われる点にもご注意ください。たとえば、数字や記号から始まる値や、数字のみ、記号のみの値も問題なく使用することができます。

class属性

要素の種類を示す（分類としての名前をつける）場合に使用します。あくまで種類を示すための属性ですので、同じページ内の複数箇所で同じ値を指定しても問題ありません。また、値は半角スペースで区切って複数指定することもできます。id属性の値と同様、class属性の値として使用できる文字に特に制限はありませんが、大文字と小文字は別の文字として扱われる点にご注意ください。

title属性

要素に対して補足的な情報を加えたい場合に指定します。一般に、この属性に指定した値はツールチップとして（マウスカーソルを載せたときに）表示されます。そのため、スマートフォンやタブレット端末を使用しているユーザーは、現在のところこの属性で指定した情報を見ることができない点に注意してください。

lang属性

要素内容と属性値の言語（日本語・英語など）を示す場合に使用します。値には、日本語なら「ja」、英語なら「en」のように言語コードを指定します。この属性は、すべての要素を含むhtml要素に指定して、そのページ全体の基本言語を示すことが推奨されています。

背景を指定する（1）

では、ここまでに覚えた要素に対して、さっそくCSSを指定してみることにしましょう。といっても、HTMLの枠組みとなっている要素の中で表示指定の対象にできる要素はbody要素くらい※ですので、まずはbody要素（ページ全体）の背景を指定してみます。

また、「第4章-2　CSSの組み込み方」ではstyle要素について学習しましたので、CSSはここではstyle要素の内容として書き込みます（そのあとは基本的にlink要素を使用します）。

background-colorプロパティ

はじめに、第2章ですでにおこなったように、背景色を指定してみます。

ただし、第2章ではbackgroundというプロパティを使用しましたが、ここではそれとは少し違うbackground-colorという名前のプロパティを使用します（backgroundプロパティについては第7章で詳しく解説しますが、backgroundは背景色以外にも色々と指定できるプロパティです）。background-colorプロパティに指定できる値は、次の通りです。

background-colorに指定できる値

- **色**
  色の書式に従って任意の背景色を指定します。
- **transparent**
  背景色を透明にします。

本書では、プロパティの値のうち日本語で書いてある部分はその意味するものに置き換えた値で指定することを意味し、半角のアルファベットや記号で書いてある部分はキーワード（または書式の一部）としてそのまま指定することを意味しています。これ以降、各プロパティに対して指定できる値については、そのルールで統一して書いてありますので覚えておいてください。

たとえば、background-colorに指定できる値のうち、「色」についてはblack、white、redのような一般的な英語の色名に置き換えて指定します（色を指定するための詳しい書式については

※正確に言えば、html要素に対してもCSSで表示指定をおこなうことができます。

第5章で詳しく解説します）。「transparent」はキーワードですので、「**background-color: transparent;**」のようにそのまま指定することで、背景が透明になります。

なお、**background-color**はHTMLのすべての要素に指定でき、初期値はtransparent、つまり透明です。第2章で見出しや本文に特に背景色がつかずに、body要素の背景色が透けて見えていたのは、見出しや本文の背景色が初期値のtransparentになっているためです。ただし、body要素だけは特別で、初期状態ではブラウザで設定されている色が表示されるようになっています。

それでは、さっそくHTMLの枠組みのbody要素に対して背景色を指定してみましょう。次のサンプルでは**pink**を指定しています。

sample/0440/index.html

```
01  <!DOCTYPE html>
02  <html lang="ja">
03  <head>
04  <meta charset="utf-8">
05  <title>サンプル</title>
06  <style>
07  body { background-color: pink; }
08  </style>
09  </head>
10  <body>
11
12  </body>
13  </html>
```

body要素の背景色を「pink」に指定している例

body要素の背景色として「pink」を指定したときの表示例

テキストエディタでそれ以外の色（black・red・blue・greenなど）に書き換えて保存し、ブラウザで再表示させて色が変化することを確認してみてください。

「pink」以外の色を指定した場合の表示例

background-image プロパティ

さて、次はbody要素の背景に画像を表示させてみましょう。

背景画像を表示させるには、**background-imageプロパティ**を使用します。指定できる値は次の通りです。

background-image に指定できる値

- **url(画像のアドレス)**
  画像のアドレスを指定して、その画像を背景に表示させます（書式の先頭にあるurlという部分との混乱を避ける目的で、あえて「画像のURL」とは書かずに「画像のアドレス」と表記しています）。画像のアドレス部分は、"" または '' で囲っても問題ありません。

- **none**
  背景に画像を表示しない状態にします。

ではさっそくbody要素に背景画像を指定してみましょう。

画像ファイルは、下のサンプルファイルと同じフォルダ内の「images」というフォルダの中に入っている「photo.jpg」を使用します。

sample/0441/index.html

```
01   <!DOCTYPE html>
02   <html lang="ja">
03   <head>
04   <meta charset="utf-8">
05   <title>サンプル</title>
06   <style>
07   body { background-image: url(images/photo.jpg); }
08   </style>
09   </head>
10   <body>
11
12   </body>
13   </html>
```

body要素の背景として「images/photo.jpg」を指定している例

このサンプルを表示させると、次ページの図の左側のように表示されます。

しかし、ウィンドウを広げてみると、右側のように画像がタイル状に繰り返されていることが分かります。この繰り返しを制御するには、次に紹介するbackground-repeatプロパティを使用します。

背景全体に画像が表示された

画像がタイル状に繰り返されている

第
4
章

✎ Column　　**背景画像のURLについて**

background-imageプロパティの値はurl（画像のアドレス）の書式で指定しますが、この「画像のアドレス」の部分には絶対URLと相対URLの両方が指定できます。絶対URLとは、「http://www.example.com/images/photo.jpg」のようなブラウザのアドレスバーなどに表示される形式です。相対URLは、同じディスク上にあるファイルを相対的な位置で示す形式で、下の階層にあるファイルやフォルダの名前は / で区切って後ろに続けて示し、上の階層の場合は階層の数だけ前に ../ をつけて示します。たとえば、2つ上の階層にある images フォルダの中の photo.jpg を指定する場合は../../images/photo.jpgとなります。前ページのサンプルでは、相対URLの書式を使用しています。

background-repeat プロパティ

background-repeat プロパティは、背景画像をどのように繰り返して表示させるか、または繰り返さないかを指定するプロパティです。次の値が指定できます。

background-repeat に指定できる値

- **repeat**
  背景画像を縦横に繰り返して（タイル状に並べて）表示させます。
- **no-repeat**
  背景画像を繰り返さずに、1つだけ表示させます。
- **repeat-x**
  背景画像を横にのみ繰り返して表示させます。
- **repeat-y**
  背景画像を縦にのみ繰り返して表示させます。

さきほどのサンプルで使用した背景画像は大きすぎて繰り返しの状態を確認しにくいので、ここでは次のような小さめの画像を使用します。

次のサンプルで表示させる背景画像。縦150ピクセル×横150ピクセル

では、この背景画像を指定し、さらに background-repeat プロパティも指定してみましょう。次ページの例では、値は初期値の「repeat」になっていますが、テキストエディタでそれ以外の値にも変更してその次のページの図のように並び方が変化することを確認してください。

```
01   <!DOCTYPE html>
02   <html lang="ja">
03   <head>
04   <meta charset="utf-8">
05   <title>サンプル</title>
06   <style>
07   body {
08     background-image: url(images/cloud.jpg);
09     background-repeat: repeat;
10   }
11   </style>
12   </head>
13   <body>
14
15   </body>
16   </html>
```

背景画像を指定し、縦横に繰り返して表示するように指定している例

第
4
章

値が repeat のときの表示

値が no-repeat のときの表示

値が repeat-x のときの表示

値が repeat-y のときの表示

背景に関連するプロパティはこれら以外にもありますが、残りのプロパティに関しては第7章で（もう少しほかの要素とプロパティを覚えた段階で）紹介します。

テキスト

枠組みを構成する要素を覚えたら、次はその内容です。第5章では、Webページの主要な構成要素であるテキストに関連する要素とプロパティについてひととおり解説します。また、色を指定するためのさまざまな書式と関連プロパティについてもここで紹介します。

第5章

1

テキスト関連の要素

要素の分類方法はHTML5で大きく変更されました。ここではまず、新旧の分類方法の違いを解説し、その中から「テキスト関連」に分類される主な要素のあらわす意味と使い方を紹介していきます。

要素の分類

現在のHTMLには約110種類の要素があり、それらを分類するために次の7種類のカテゴリーが用意されています。具体的にどの要素がどのカテゴリーに該当するかはAppendixの「HTMLの要素の分類」に掲載してありますが、今の段階では「このようなカテゴリーがある」ということだけ覚えておけばOKです。

1. フローコンテンツ（Flow content）
2. 見出しコンテンツ（Heading content）
3. セクショニングコンテンツ（Sectioning content）
4. フレージングコンテンツ（Phrasing content）
5. 組み込みコンテンツ（Embedded content）
6. インタラクティブコンテンツ（Interactive content）
7. メタデータコンテンツ（Metadata content）

これら7種類のカテゴリー同士の関係は次ページの図のようになっており、多くの要素は複数のカテゴリーに含まれます（逆にどのカテゴリーにも含まれない要素もあります）。

フローコンテンツとは、ある特定の要素の内部にしか配置できないといった制限がなく、body要素の内部であれば基本的にどこにでも配置できる普通の要素という意味で、ほとんどの要素はまずこのカテゴリーに含まれています。そして、それらのほとんどはフローコンテンツでありつつ、他のカテゴリーにも含まれます。

フローコンテンツ

インタラクティブ
コンテンツ

見出し
コンテンツ

フレージング
コンテンツ

組み込み
コンテンツ

セクショニング
コンテンツ

メタデータ
コンテンツ

HTML5以降の要素のカテゴリー。多くの
要素は複数のカテゴリーに該当するが、ど
れにも該当しない要素もある

HTML5以降では、「どの要素をどこに配置できるか」「どの要素にはどの要素を入れられるか」といっ
た情報を示す際にこのカテゴリーを使用します。詳細はAppendixの「HTMLの要素の配置のルール」
に掲載してありますので、本書を読み進めながら必要に応じて参照してください。

さて、まだ要素もほとんど覚えていない段階ですので、7種類のカテゴリーについてはここで覚える必
要はありません。しかし、HTML5よりも前のバージョンのHTMLで使用されていた「おおまかな分
類方法」については、覚えておいた方が良いでしょう。なぜなら、その分類方法はHTML5以降では
使われなくなったものの、CSSにおいては現在でも使用されている重要な概念だからです。

その考え方とは、すべての要素を大きく「**ブロックレベル要素**」「**インライン要素**」「**その他の要素**」の
3種類に分けるというものです。簡単に言えば、ブロックレベル要素とは、1つのまとまった単位と
なっているひとかたまりの（ページ内の1ブロックを構成するような）テキストのことを示します。た
とえば、見出しや段落（第2章で登場したh1要素とp要素）はブロックレベル要素の分かりやすい例
です。

それに対してインライン（inline=行内）要素とは、ブロックレベル要素の中に入っているテキスト
（文章）の一部分となるような要素のことを言います（ただし、必ずしもテキストだけではなく、文章
の一部に入ることもある画像などもインライン要素に含まれます）。HTML5以降における「フレージ
ングコンテンツ」は、この「インライン要素」とほぼ同様の分類にあたります。

なお、インライン要素やフレージングコンテンツには、ブロックレベル要素内で特にタグがつけられ
ていない普通のテキストも含まれます。つまり、「要素内容としてインライン要素を入れることができ
ます」と書いてある場合は、要素内容として普通のテキストも入れられるということを意味します。

第
5
章

ブロックレベル要素は1つのまとまりとして独立したものですので、その前後が他の要素のテキストと同じ行のままつながることはありません。基本的には、ブロックレベル要素の前後は改行された状態となります。それに対してインライン要素は文章の一部として使用しますので、その前後は同じ行のままつながって表示されます（これらはCSSを指定していない状態での話で、CSSを使用すれば表示はどのようにでも変更できます）。

ちなみに、ブロックレベル要素とインライン要素のどちらにも該当しない"その他の要素"には、第4章で学習したHTMLの枠組みとして使用される要素や、たとえば表の内部でのみ使用可能な要素のように限定された特定の範囲内でしか使用できない要素などが含まれています。

それでは、HTML5以降の複雑な分類ではなく、まずはこのブロックレベル要素とインライン要素というシンプルな分類で、テキスト関連の要素を見ていきましょう。

従来のブロックレベル要素に該当する要素

右の表に示したのが、テキスト関連で従来のブロックレベル要素に該当する要素です。ただし、従来のブロックレベル要素に該当する要素はこれで全部というわけではありません。ここで紹介している要素は、あくまでテキスト部分にタグをつける際の基本となるブロックレベル要素です。

要素名	意味
h1〜h6	見出し
hgroup	見出しのグループ化
p	段落
blockquote	引用文
pre	整形済みテキスト
div	汎用ブロックレベル要素

HTMLのテキスト関連要素のうち、従来のブロックレベル要素に該当する要素

「h1〜h6」と表記した要素は、h1・h2・h3・h4・h5・h6という6種類の要素をまとめて表したものです。第2章ではh1要素だけを紹介しましたが、アルファベットの「h」は「heading」の略で、これが見出しをあらわす要素であることを示しています。それに続く1〜6の数字は、見出しの階層をあらわしており、1が大見出し（一番上の階層）で数が増えるにしたがって1階層ずつ下の見出しとなります。

hgroup要素は、h1〜h6要素をグループ化するための要素です。たとえば、見出しの本体に加えて「サブタイトル」「副題」「キャッチフレーズ」のようなものをつけたい場合に、階層の低い見出しを加えてそれらをグループ化し、1つの見出しとして機能させることができます。グループ化した見出しの階層は、その中の見出しで一番階層が上のものと同じになります。たとえば、次の例ではhgroup要素の階層はh1要素と同じになります。

```
01    <hgroup>
02    <h1>かちかち山</h1>
03    <h2>Win-Winが大好きな山田社長の物語</h2>
04    </hgroup>
```
hgroup要素の使用例

p要素は、第2章で紹介したとおり、その内容が1つの段落（paragraph）であることを示す要素です。内容として入れられるのはインライン要素に該当する要素だけで、ブロックレベル要素は入れることができない点に注意してください。p要素は見出し関連要素と共にもっとも頻繁に使われる要素の1つですので、しっかりと覚えておきましょう。

blockquote要素は、その部分が引用文であることを示すブロックレベル要素です。もし、ブロックレベル要素としてではなく、文章内の一部分（インライン要素）として引用文を含める場合は、後述の**q要素**を使用します。blockquote要素の内容には、ブロックレベル要素でもインライン要素でも自由に入れられます。**cite属性**を指定して引用先のURLを示すこともできます。この要素は、ブログの記事で別の記事を引用する場合などによく使われます（一般的なブログサービスでは、このタグをつけると引用文向けに用意された表示指定が適用されるようになっています）。

```
01    <blockquote cite="http://example.com/about.html">
02    <p> ～ 引用文 ～ </p>
03    </blockquote>
```
blockquote要素の使用例

pre要素は、その内容が整形済みのテキスト（preformatted text）であることを示す要素です。一般的なブラウザでは半角スペースや改行などが入力した状態のままで等幅のフォントで表示されます（具体的な表示方法はもちろんCSSで変更可能です）。ASCIIアートを表示させるような場合にも使用できますが、ソースコードを表示させる場合などに多く使用されます。要素内容として入れられるのはインライン要素に該当する要素だけで、ブロックレベル要素は入れられない点に注意してください。

div要素のdivはdivisionの略で、ただその範囲がブロックレベル要素であることだけを示します。基本的には、ブロックレベル要素の中で他にふさわしい要素がない場合に使用しますが、複数のブロックレベル要素をグループ化する際などに多く使用されます。div要素の内容には、ブロックレベル要素でもインライン要素でも自由に入れられます。

従来のインライン要素に該当する要素（1）

次は、テキスト関連で従来のインライン要素に該当する要素です。テキスト関連のインライン要素は数が多いので、比較的多く使用されるものと、それほど多くは使用されないものの2つに分けて紹介します。

なお、各要素の解説部分では触れませんが、インライン要素の場合、特別な例外を除いて要素内容として入れられるのはインライン要素だけです（つまり内容としてブロックレベル要素は入れられません）。では、はじめに比較的多く使用されるインライン要素から見ていきましょう。

第3章で説明したとおり、HTMLのソースコードの中で改行を入れても、ブラウザで表示させたときには半角スペースに置き換えられてしまい、その位置では改行はしません。ブラウザで表示させたときに改行させるためには、改行させたい位置に**br要素**を配置します。たとえば住所と名前を掲載する場合に、住所と名前の間に改行を入れるような用途で使用します。

要素名	意味
br	改行
em	強調されている部分
strong	重要な部分・緊急性のある部分・注意・警告
q	引用文
cite	作品のタイトル
code	ソースコード
small	欄外の付帯情報や注記（Copyright〜 など）
span	汎用インライン要素

テキスト関連要素のうち、比較的多く使用されるインライン要素

br要素は単純にその位置で改行させるためだけに使用される要素ですので、要素内容と終了タグのない空要素として定義されています。なお、br要素のbrは、改行をあらわす英語「line break」の「br」です。

```
01    <p>
02    〒012-3456<br>
03    北海道札幌市鳥獣保護区1-2-3<br>
04    大藤 幹
05    </p>
```

br要素の使用例

em要素は、その部分が強調されていることを示す要素です。emは、強調という意味の英単語「emphasis」の略です。一般的なブラウザでは斜体で表示されますが、表示方法はCSSで自由に変更できます。

strong要素は元々はem要素よりもさらに強い強調部分を示す要素でしたが、HTML5からはその部分が重要であることを示す要素に変更されました（緊急性のある部分や注意・警告をあらわす際にも使

用できます）。一般的なブラウザでは太字で表示されますが、表示方法はCSSで自由に変更できます。

em要素が示す「強調」と、strong要素が示す「重要・緊急・注意・警告」には大きな違いはないようにも感じますが、「強調」はどこを強調するかによって文章の意味が変わってしまうという点が異なります。

たとえば、「僕は彼女が好きです」のようにタグをつけた場合、ほかの人はどうか分からないが“僕は”好きだという意味になります。しかし、「僕は彼女が好きです」になると、僕はほかの人ではなく“彼女が”好きだという意味になります。また、強調するということは、Webページの内容を音声で読み上げる場合のアクセントにも影響を与えます。strong要素が示す「重要・緊急・注意・警告」は、文章の意味を変えてしまうことはないという点で、em要素が示す「強調」とは異なります。

q要素は、その部分が引用文（quotation）であることを示すインライン要素です。同じ引用文をあらわすblockquote要素のインライン版です。blockquote要素と同様に、引用先のURLを示す**cite属性**も指定できます。一般に、日本語で文章中に引用文を含む場合にはその部分を「 」で囲いますが、そのような記号はCSSで表示させることになっています（具体的な指定方法は第11章で解説します）。要素内容のテキストとして、「 」やその他の引用符などは含めないように注意してください。

ただし、インラインの引用文に関しては、q要素のタグをつけて表現するほかに、あえてq要素のタグをつけずに自分で「 」やその他の引用符をつけて示すことも認められています。日本語の場合は、原稿のテキストの一部として「 」を含んでいるのが一般的ですので、特にq要素は使わないで元の原稿そのままにしておいてもまったく問題はありません。

```
01   <p>
02   アイヌ民族最後の狩人と呼ばれる姉崎氏によると<q>空のペットボトルを押して出る音をクマは嫌
     います</q>とのことだ。
03   </p>


01   <p>
02   アイヌ民族最後の狩人と呼ばれる姉崎氏によると「空のペットボトルを押して出る音をクマは嫌いま
     す」とのことだ。
03   </p>
```

インラインの引用文は、引用符をとって<q>～</q>で囲っても、q要素にせずに原稿そのままにしておいてもOK

cite要素は、作品のタイトルを示すための要素です。ここで言う「作品」には、書籍・エッセイ・詩・論文・映画・テレビ番組・脚本・演劇・楽曲・楽譜・ミュージカル・オペラ・絵画・彫刻・展覧会・ゲーム・コンピューターのプログラムなどが含まれます。

code要素は、その部分がソースコードであることを示す要素です。要素名やファイル名など、コンピューターが認識可能な文字列全般で使用できます。

```
01  <pre><code>body {
02      background-image: url(photo.jpg);
03      background-repeat: repeat;
04  }</code></pre>
```

CSSのソースコードをコンテンツとして掲載する場合のcode要素の使用例。ソースコード中の改行やインデントをそのまま再現したい場合は、pre要素の内部で使用する

small要素は、印刷物において欄外に小さな文字で掲載されているような付帯情報や注記（著作権表示や免責事項など）の部分をあらわすための要素です。元々はフォントサイズを小さくして表示させるための要素でしたが、HTML5からそのような意味に変更されました。

```
01  <p>
02  <small>Copyright &copy; 2022 ○○○, Inc. All rights reserved.</small>
03  </p>
```

small要素の使用例。「©」部分は「©」のように表示される

span要素は、div要素のインライン版で、その範囲がインライン要素であることだけを示します。ほかのインライン要素の中にふさわしいものがないような場合に使用します。

従来のインライン要素に該当する要素（2）

次に、あまり多くは使用されないインライン要素を見ていきましょう。

要素名	意味
abbr	略語
dfn	定義の対象となっている用語
sup	上付き文字
sub	下付き文字
i	普通の本文テキストとは性質が違う部分（外国語や学名など）
b	実用的な目的で目立たせてあるキーワードや製品名など
mark	注目してほしいので、原文に手を加えて目立たせてある部分

テキスト関連要素のうち、それほど頻繁には使用されないインライン要素

abbr要素は、その部分が略語（abbreviation）であることを示す要素です。その略語が何の略であるかを示したい場合は、title属性の値として「省略していない状態の言葉」を指定することができます。

dfn要素は、その部分が定義（defining）対象の用語であることを示す要素です。「○○○とは、△△△△△のことです」といった何かを定義する文章の、○○○の部分に対して使用します。

sup要素はその部分が上付き文字（superscript）であることを、**sub要素**はその部分が下付き文字（subscript）であることを示す要素です。一般的なブラウザでは、それぞれ上付き文字・下付き文字として表示されます。

```
01    <p>
02    二酸化炭素はCO<sub>2</sub>です。
03    </p>
```
sub要素の使用例

sub要素の表示例

i要素は、もともとは単純に要素内容をイタリック体（italic）で表示させるための要素でした。しかしHTML5からは、主に文字としてアルファベットを使用する文化圏において、一般にイタリックで表記されるようなテキストの性質が異なっている部分（英文中のドイツ語など）をあらわすために使用する要素となりました。日本語の場合は「学名」を表記する際に使用されます。

b要素は、もともとは単純に要素内容を太字（bold）で表示させるための要素でした。しかしHTML5からは、実用的な目的で単純に目立たせたい部分（キーワードや製品名など）に使用する要素となりました。このタグをつけたからといって、「重要」や「強調」のような意味をあらわすようになるわけではない点に注意してください。

mark要素は、読者に注目してほしい部分を示すための要素です。たとえば、ある引用文があって、元のテキストではそうはなっていないけれども読んでいる人に注目してほしい部分を示す場合や、検索結果の一覧表示で検索に使用されたキーワード部分をハイライト表示したい場合などに使用します。イメージとしては、蛍光ペンで線を引いて目立たせるような感覚で使用する要素です。

リンク

さて次は、HTML5より前のHTMLではインライン要素に分類されていた、リンクを作成するための要素であるa要素を紹介しましょう。ちなみにa要素の「a」は、「(hypertext) anchor」の「a」です。

第5章

テキストの一部をリンクにするには、その範囲を**a要素**のタグで囲って、リンク先のURLをhref属性（hrefはhypertext referenceの略）で指定するだけです。たとえば、次のテキストの「サンプル」という部分を「http://www.example.com/」にリンクさせたい場合は、次のように記述します。

```
01   <p>
02   わかりやすい<a href="http://www.example.com/">サンプル</a>もあります。
03   </p>
```

「サンプル」というテキストをリンクにするときの記述例

このa要素は、HTML5より前はインライン要素として分類されていたために、内容として入れることができるのはインライン要素だけでした。しかし、HTML5からは、そのa要素の親要素に入れられる要素であれば、どの要素でも入れられるように仕様変更されています。つまり、a要素のタグをつけていない状態でそこにあっても問題のない要素であれば、どの要素でも**<a href="○○○">〜</a>**で囲ってリンクにできるということです。したがって、h1〜h6要素やdiv要素、ul要素といったブロックレベル要素をa要素の中に入れても、HTML5以降では文法エラーにはなりません。

ただし、そこには例外もあります。a要素の内部には、ほかのa要素およびインタラクティブコンテンツに分類される要素（フォームで使用される部品など）は一切入れられないことになっています。これはつまり、リンクの中に別のリンクが含まれていたり、リンクの中にテキスト入力欄やメニューやボタンなどがあってはいけないということを意味しています。

a要素には、href属性のほかにtarget属性も指定できます。target属性を使用すると、リンク先を新しいウィンドウやタブに表示させることなどが可能になります。

a要素に指定できる属性

- **href="リンク先のURL"**
  この属性を指定することでa要素はリンクになります。
  値にはリンク先のURLを指定します。

- **target="リンク先を表示させるウィンドウまたはタブ名"**
  リンク先を表示させるウィンドウまたはタブを指定する場合に使用します。
  値にはウィンドウまたはタブの名前が指定でき、指定した名前のものがすでにあればそこに表示し、なければ新しいウィンドウまたはタブに表示されます。また、値にはアンダースコアではじまる特別なキーワードも指定できます。
  「_blank」を指定すると、リンク先は新しいウィンドウまたはタブに表示されます。
  「_self」を指定すると、リンク先は現在のウィンドウまたはタブに表示されます。
  「_parent」は第11章で登場するiframe要素を使っていて親ページがある場合に使用し、親となっているウィンドウまたはタブがある場合はそこへ、なければ現在のウィンドウまたはタブに表示させます。

href属性で指定するURLの最後に半角の「#」をつけ、そのあとにid属性で指定してある値を加えることで、指定したページ内のそのid属性が指定されている要素の位置へとリンクさせることができます（リンク先がある程度長いページの場合は、その要素が表示されるところまでスクロールした状態で表示されます）。

リンク元のソースコード

```
01  <p>
02  <a href="http://www.example.com/index.html#section2">第2節</a>へ。
03  </p>
```

リンク先（http://www.example.com/index.html）のソースコード

```
01  ・・・
02  <h1 id="section2">
03  第2節 ふざけたサンプルの本は信用するな
04  </h1>
05  ・・・
```

ページ内の特定の要素の位置にリンクさせたい場合は、リンク元のURLの最後に「#」をつけ、リンク先の要素のid属性の値を指定する

ルビ

インライン要素の最後は、構造がちょっと複雑な**ruby要素**です。rubyとは日本語のルビのことで、この要素を使うことで任意のテキストにふりがな（ルビ）をふることができます。

ある部分に単純にふりがなをつけるだけなら、ふりがなをふるテキストを<ruby>～</ruby>で囲い、終了タグ</ruby>の直前に**rt要素**の内容としてふりがなのテキストを入るだけでOKです。ちなみに、「rt」は「ruby text」の略です。

sample/0510/index.html

```
01    <p>
02    自転車で<ruby>濃昼<rt>ごきびる</rt></ruby>海水浴場に行きました。
03    </p>
```

テキストの上に表示させるふりがなはrt要素に入れて、ふりがなをふるテキストの直後に配置。それら全体をruby要素にすると、ふりがなが表示される

上のソースコードの表示例

しかし、現在の最新のブラウザのほとんどはruby要素に対応しているものの、すべての環境でルビが表示させられるわけではありません。

ルビに未対応の環境では、上のソースコードは次のように表示されます。

同じソースコードを古いバージョンのブラウザ（iCab 3.0.5）で表示させたところ。
ルビは普通のテキストとして表示される

これはつまり、ルビに未対応の環境では漢字とふりがなが普通のテキストとしてそのまま続けて表示されてしまうということを意味しています。これでは文章が意味不明になってしまう可能性がありますので、ふりがなを（）の中に入れて表示させるための専用要素も用意されています。それが**rp要素**です（「rp」は「ruby parentheses」の略で、parenthesesは丸カッコを意味します）。これを使用することで、未対応の環境でも「濃昼ごきびる」ではなく「濃昼（ごきびる）」のようにカッコつきで表示させられるようになります。

未対応の環境では、ルビ関連のタグは無視されて、その要素内容であるテキストがそのまま続けて表示されることになりますので、rp要素はふりがなの直前と直後に配置することになります。その際、前側のrp要素の内容には開きカッコを、後ろ側のrp要素の内容には閉じカッコを入れます。

たとえば、前ページのソースコードに次のようにrp要素を2つ追加すると、未対応の環境ではふりがながカッコ付きで表示されるようになります。なお、ruby要素に対応しているブラウザでは、rp要素の内容は表示されない仕様となっています。

sample/0511/index.html

```
01    <ruby>濃昼<rp>（</rp><rt>ごきびる</rt><rp>）</rp></ruby>
```

```
01    <ruby>
02    濃昼
03    <rp>（</rp>
04    <rt>ごきびる</rt>
05    <rp>）</rp>
06    </ruby>
```

ruby要素に未対応のブラウザで見たときに、rt要素がカッコ内に表示されるようにしたソースコードの例

上のソースコードのルビ対応ブラウザでの表示例。rp要素は無視されるので、（ ）は表示されない

上のソースコードのルビ未対応ブラウザでの表示例。ルビ関連要素の内容がそのまま順にテキストとして表示されるので、このようになる

実はruby要素内には「ふりがなをふるテキスト+rp要素+rt要素+rp要素」を複数入れられる仕様となっており、次のようにマークアップすることが可能です。

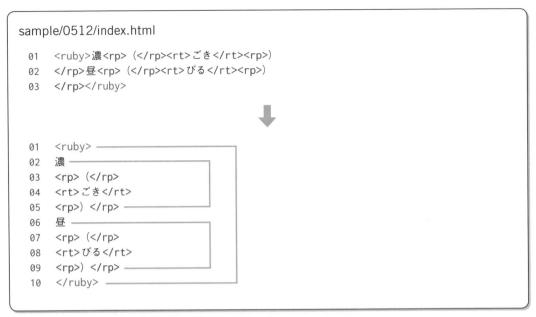

```
sample/0512/index.html
01   <ruby>濃<rp>（</rp><rt>ごき</rt><rp>）
02   </rp>昼<rp>（</rp><rt>びる</rt><rp>）
03   </rp></ruby>
```

```
01   <ruby>
02   濃
03   <rp>（</rp>
04   <rt>ごき</rt>
05   <rp>）</rp>
06   昼
07   <rp>（</rp>
08   <rt>びる</rt>
09   <rp>）</rp>
10   </ruby>
```

ruby要素の中は、このように分割して細かくふりがなをふることもできる

上のソースコードのルビ対応ブラウザでの表示例

上のソースコードのルビ未対応ブラウザでの表示例

2

色の指定方法

テキスト関連の要素がひととおり分かりましたので、次はそれらに対して指定できるCSSのプロパティを紹介していきます。でもその前に、今後さまざまなプロパティの値として指定することになる「色」の指定方法について、先に説明しておきましょう。

色の値の指定形式

ここまでのCSSの例では、色はblack、white、redのような色の名前で指定してきました。しかし、CSSにはほかにもいくつかの色の指定方法が用意されています。

「#ff0000」形式

記号#に続けて、RGBのRed、Green、Blueそれぞれの値を2桁ずつの16進数（計6桁）で指定する形式です。たとえば、赤のRGB値は10進数だと「Red=255、Green=0、Blue=0」です。255は2桁の16進数だとff、0は00となりますので、この形式だと赤は#ff0000となります。この形式はWebページの色指定ではもっとも一般的な方法ですので、多くのグラフィック系ソフトやツールなどはこの形式での色の値が分かるように作られています。

「#f00」形式

記号#に続けて、RGBのRed、Green、Blueそれぞれの値を1桁ずつの16進数（計3桁）で指定する形式です。この場合の1桁ずつの16進数はそのまま色の値として使用されるのではなく、各桁の数字の直後に同じ数字をもう1つずつ追加した値に変換されて使用されます。つまり、#123と指定されたら#112233、#f00と指定されたら#ff0000が指定されたことになるわけです。そのため、この形式で表せるのは、6桁のRGBの各2桁がそれぞれ同じ数字になっている色※だけです。

「rgb(255, 0, 0)」形式

16進数を使わずに、RGBの各値をシンプルに10進数で指定する形式です。rgb()のカッコ内に、RGB値をカンマで区切って順に入れるだけでOKです。

※いわゆるWebセーフカラーは、すべて3桁の16進数形式であらわすことができます。Webセーフカラーとは、256色しか表現できないパソコンで機種による色の違いを生じさせないために使用されていた色のことで、具体的にはRGBの各値を16進数の 00, 33, 66, 99, cc, ff の組み合わせだけで作成した216色のことです。

「rgba(255, 0, 0, 0.5)」形式

rgb()の形式に透明度を示すalphaの値を追加した形式です。rgba()のカッコ内に、RGB値に続けて透明度も指定します。透明度は、0〜1の実数であらわし、0は完全に透明で、1は完全に不透明となります。たとえば、半透明の赤はrgba(255, 0, 0, 0.5)となります。

	色の名前	#ff0000形式	#f00形式	rgb(255,0,0)形式	rgba(255,0,0,0.5)形式
	black	#000000	#000	rgb(0,0,0)	rgba(0,0,0,1)
	gray	#808080		rgb(128,128,128)	rgba(128,128,128,1)
	silver	#c0c0c0		rgb(192,192,192)	rgba(192,192,192,1)
	white	#ffffff	#fff	rgb(255,255,255)	rgba(255,255,255,1)
	fuchsia	#ff00ff	#f0f	rgb(255,0,255)	rgba(255,0,255,1)
	red	#ff0000	#f00	rgb(255,0,0)	rgba(255,0,0,1)
	yellow	#ffff00	#ff0	rgb(255,255,0)	rgba(255,255,0,1)
	lime	#00ff00	#0f0	rgb(0,255,0)	rgba(0,255,0,1)
	aqua	#00ffff	#0ff	rgb(0,255,255)	rgba(0,255,255,1)
	blue	#0000ff	#00f	rgb(0,0,255)	rgba(0,0,255,1)
	purple	#800080		rgb(128,0,128)	rgba(128,0,128,1)
	maroon	#800000		rgb(128,0,0)	rgba(128,0,0,1)
	olive	#808000		rgb(128,128,0)	rgba(128,128,0,1)
	green	#008000		rgb(0,128,0)	rgba(0,128,0,1)
	teal	#008080		rgb(0,128,128)	rgba(0,128,128,1)
	navy	#000080		rgb(0,0,128)	rgba(0,0,128,1)

CSSで使用できる基本的な色の名前と、それに対応する各形式の色の値

色に関連するプロパティ

ここで色に関連するプロパティを2つ紹介しておきます。1つは第2章でも使用したcolorプロパティで、もう1つは要素全体の透明度を指定するためのopacityプロパティです。

colorプロパティ

color プロパティは、テキストの色を指定するためのプロパティです。このプロパティで指定している色を初期値とするプロパティがいくつかあります（たとえば、テキストの影の色はこの値が初期値となります）。指定できる値は次の通りです。

colorに指定できる値

- **色**
  色の書式に従って任意の文字色を指定します。
- **transparent**
  文字色を透明にします。

opacityプロパティ

opacity プロパティを使用すると背景も含んだ要素全体の透明度を指定することができます。次の値が指定でき、初期値は1（不透明）となっています。

opacityに指定できる値

- **実数**
  透明度を0.0（透明）から1.0（不透明）の範囲の実数で指定します。

次ページにopacityプロパティの使用例があります。半透明であることが分かりやすいように、body要素に背景画像を指定した状態で、h1要素に「`opacity: 0.5;`」を指定しています。文字色は白で背景色は黒にしていますが、文字色も背景色も半透明になっていることが確認できます。サンプルファイルを用意してありますので、opacityプロパティの値を書き換えて、透明度が変化することを確認してみてください。

```
HTML   sample/0520/index.html
01   <body>
02   <h1>
03   この要素全体の透明度をCSSのopacityプロパティで指定しています。
04   </h1>
05   </body>


CSS   sample/0520/styles.css
01   body {
02     background-image: url(images/photo.jpg);
03   }
04   h1 {
05     color: white;
06     background-color: black;
07     opacity: 0.5;
08   }
```

h1要素に「opacity: 0.5;」を指定

上のサンプルの表示例

opacityプロパティの値を0.2に変えた状態

opacityプロパティの値を0.7に変えた状態

テキスト関連のプロパティ

第5章
3

HTMLの主なテキスト関連要素についてはすでに説明しました。ここでは、それらの要素に適用可能なテキスト・フォント関連の基本となるCSSプロパティを紹介していきます。

フォント関連プロパティ

続けて、テキストに関連するCSSのプロパティを紹介します。まずはテキスト部分のフォントを制御するプロパティ（フォントサイズ・行の高さ・フォントの種類・太字・斜体）からです。

font-size プロパティ

第2章では、**font-sizeプロパティ**でh1要素とp要素のフォントサイズを指定しました。そこでは数値に「px」という単位をつけてピクセル数でフォントサイズを指定しましたが、実際には次のようなさまざまな値が指定できます（初期値は「medium」で、ブラウザで設定している標準フォントのサイズとなります）。

font-size に指定できる値

- **単位つきの実数**
  フォントサイズを単位つきの実数（16pxなど）で指定します。
- **パーセンテージ**
  親要素のフォントサイズに対するパーセンテージで指定します（150%のように、実数の直後に半角の「%」をつけて指定します）。
- **xx-small, x-small, small, medium, large, x-large, xx-large**
  7種類のキーワードで指定できます。
  `xx-small`がもっとも小さく、`medium`は普通のサイズで初期値、`xx-large`がもっとも大きなサイズとなります（実際に表示されるサイズはブラウザによって異なります）。
- **smaller, larger**
  親要素のフォントサイズに対して、一段階小さく（smaller）、または大きく（larger）します。

CSSで使用する単位について

さて、font-sizeには「単位つきの実数」が指定できると書かれていますが、CSSで使用可能な単位のうち、主要なものを3つここで紹介しておきましょう。

単位	説明
px	ピクセル
em	その要素のフォントサイズを1とする単位
rem	html要素のフォントサイズを1とする単位

CSSで使用できる主な単位

第2章ですでに使用した**px**は、1/96インチを1とする単位です。わかりやすく言えば、96dpi（dots per inch）の画面における1ピクセルの大きさを1とする単位です。現在ではAppleのRetinaディスプレイのような高画素密度のディスプレイも多く使用されていますが、pxは昔ながらの96dpiの画面を基準としており、この単位を特に「CSSピクセル」と呼んで一般的な意味でのピクセル（物理的な1ドットなど）と区別することもあります。

em（エムと読みます）は、font-sizeプロパティ以外に使用した場合と、font-sizeプロパティに使用した場合とで意味が異なる単位です。font-sizeプロパティ以外に使用した場合、この単位はその要素のfont-sizeプロパティの値を1とする単位となります。font-sizeプロパティに使用した場合は、親要素のfont-sizeプロパティの値を1とする単位となります。

remは「root要素のem」の意味で、HTML文書のルート要素であるhtml要素のフォントサイズ（通常はブラウザの環境設定で設定されているフォントサイズ）を1とする単位です。

line-heightプロパティ

次に紹介するのは、行の高さを指定するプロパティの**line-height**（ラインハイトと読みます）です。これも第2章で使用したプロパティの1つです。次の値が指定できます（初期値は「normal」です）。

line-heightに指定できる値

- **実数**
  行の高さを単位をつけない実数（1.5など）で指定します。
  行の高さは、ここで指定した実数とフォントサイズを掛けた高さとなります。
- **単位つきの実数**
  行の高さを単位つきの実数（24pxなど）で指定します。
- **パーセンテージ**
  行の高さをフォントサイズに対するパーセンテージ（150%など）で指定します。
- **normal**
  ブラウザ側で妥当だと判断する行の高さに設定します（ブラウザによって表示結果は異なります）。

指定できる値の中に「単位をつけない実数」が含まれています。フォントサイズを基準にしてその「何倍」と指定したいのであれば、emを使うこともパーセンテージを使うこともできるのに、なぜわざわざこの値が用意されているのでしょうか？

実は、これらの指定方法のあいだには、大きな違いがあります。どの方法で「何倍」と指定してもline-heightプロパティを指定した要素自体にはなんら違いは現れないのですが、その内部に含まれている要素には大きな違いが生じるのです。

CSSのプロパティの中には、表示指定をその要素だけに適用するものと、その内部に含まれる要素にも適用するものとがあります。たとえば、`font-size`は内部の要素にも適用されますが、背景関連のプロパティは内部の要素には適用されません。`line-height`は、内部の要素にも適用されるプロパティです。

CSSでは、指定された値をこのように内部の要素に適用する場合、指定された値をそのまま適用するのではなく、計算結果の値を適用することになっています。たとえば、フォントサイズが10ピクセルの要素に対して「`line-height: 1.5em;`」や「`line-height: 150%;`」を指定した場合、内部の要素に適用されるのは「1.5em」や「150%」ではなく、計算結果の「15px」なのです。

この場合でも、内部の要素のフォントサイズがすべて同じであれば、特に影響はありません。しかし、内部にフォントサイズが30ピクセルのテキストが入っていたりすると、行の高さが15ピクセルでは収まりきらずにはみ出して（ほかの行と重なって）しまうことになります。

`line-height`に指定できる「単位をつけない実数」は、その問題を解決するために用意されたものです。実は、「単位をつけない実数」を指定した場合に限り、計算結果の値ではなく、その「単位をつけない実数」をそのまま内部の要素にも適用することになっています。こうすることで、内部に30ピクセルのテキストが入っていても、行の高さは「15px」ではなく「45px」になり、テキストが行をはみ出すことはなくなるというわけです。このような理由から、`line-height`には多くの場合「単位をつけない実数」が指定されます。

HTML sample/0530/index.html

```
01  <body>
02  <h1>
03  これはh1要素です。フォントサイズは30ピクセルです。
04  </h1>
05  <p>
06  これはp要素です。　・・・中略・・・　しています。
07  </p>
08  </body>
```

sample/0530/styles.css

```
01  body {
02      font-size: 10px;
03      line-height: 150%;
04  }
05  h1 {
06      font-size: 30px;
07  }
```

body要素に「line-height: 150%;」を指定

上のソースコードをブラウザで表示させるとこのように
なる

line-heightの値を「150%」から「1.5」へと変更すると
文字が重ならなくなる

✏ Column　　値の継承について

CSSのプロパティの中には、指定された値をその内部に含まれる要素にも適用するものとしないもの
があると書きました。たとえば、body要素にfont-sizeプロパティを指定すると、その値はbody要素
の中に含まれるp要素などにも適用されます。しかし、body要素にbackground-imageプロパティ
で背景画像を指定しても、内部のp要素などには適用されません。

このように、指定された値を内部の要素にも継承させるかどうかは、通常は特に意識しなくてもそのプ
ロパティの種類に応じてうまく機能するように作られています。そして、親要素の値を継承しないプロ
パティであっても、値に「inherit」と指定するだけで強制的に親要素の値を継承させることが可能
となっています。

なお、「inherit」はCSSのすべてのプロパティで使用できますが、本書の「○○○に指定できる値」
という部分では記載を省略しています。

font-family プロパティ

さて、次も第2章で使用したプロパティの**font-family**です。テキストを表示させるフォントの種類を指定するためのプロパティで、値には次のようにフォントの名前またはフォントの種類をあらわすキーワードが指定できます。初期値はブラウザで設定されているフォントとなります。

font-family に指定できる値

- **フォント名**
  フォントの種類をフォントの名前で指定します。
  ここで指定するフォント名は、「Arial Bold」や「Arial Italic」のような個別のフォント名ではなく、「Arial」のようなフォントファミリー名である点に注意してください（「Arial Bold」や「Arial Italic」を選択するには、次に説明するfont-weightプロパティとfont-styleプロパティを使用します）。
- **serif, sans-serif, cursive, fantasy, monospace**
  フォントのおおまかな種類をあらわす5つのキーワードで指定できます（実際に表示されるフォントの種類はブラウザによって異なります）。

キーワード	フォントの種類
serif	明朝系フォント
sans-serif	ゴシック系フォント
cursive	草書体・筆記体系フォント
fantasy	ポップ系フォント
monospace	等幅フォント

このプロパティの値は、指定したフォントが閲覧者の環境にインストールされていない場合に備えて、カンマ(,)で区切って複数指定しておくことができます。その場合は、より前に（左側に）指定されているフォントで、その環境で利用可能なものが採用されることになります。

フォント名として指定できるのは、引用符（"または'）で囲った文字列か、CSSで識別子として認識される文字列だけです。したがって、記号を含んでいたり先頭が数字になっているフォント名を指定する場合には、引用符で囲うかバックスラッシュ記号を使った特別な書式に変換する必要があります。フォント名は、常に引用符で囲うようにするのが簡単で安全な指定方法です。ただし、フォントの種類をあらわす5つのキーワードに関しては、引用符をつけると認識されなくなりますので注意してください。

sample/0531/styles.css

```
01  body {
02    font-family: "Hiragino Kaku Gothic ProN","Hiragino Sans","Meiryo",sans-serif;
03  }
```

`font-family`プロパティの使用例

さて、font-familyプロパティの属性の解説部分でも触れましたが、1つのフォントファミリーの中にあるboldの書体を選択するのがfont-weightプロパティで、italicの書体を選択するのがfont-styleプロパティです。もし、boldやitalicの専用書体が用意されていないフォントであっても、一般的なワープロなどのように太字や斜体で表示させることが可能です。では、これらの使い方を順に見ていきましょう。

font-weight プロパティ

font-weightプロパティには次の値が指定できます。初期値は「normal」です。

font-weight に指定できる値

- **100, 200, 300, 400, 500, 600, 700, 800, 900**
  9種類の数値で指定できます（実際に表示される太さはフォントの種類によって異なります）。100がもっとも細く、400が標準の太さで初期値、900がもっとも太くなります。
- **bold**
  そのフォントの一般的な太字の太さにします。700を指定した場合と同様の結果となります。
- **normal**
  そのフォントの標準の太さにします。400を指定した場合と同様の結果となります。
- **bolder**
  一段階太くします。
- **lighter**
  一段階細くします。

指定できる値としては、太さを細かく指定できるようになっていますが、日本語の環境では太さの異なる日本語フォントがそれほど多くインストールされていることは期待できません。そのため、値としてはシンプルに「bold」を使用するのが一般的です。strong要素のように最初から太字で表示されるフォントを標準状態に戻したい場合は、「normal」を指定します。

font-style プロパティ

font-styleプロパティには次の値が指定できます。初期値は「normal」です。

font-style に指定できる値

- **italic**
  イタリック体（イタリック体専用にデザインされたフォント）で表示します。イタリック体がない場合は、「oblique」が指定されたものとして処理されます。
- **oblique**
  斜体（元の書体をシンプルに斜めにしたフォント）で表示します。斜体がない場合は、標準のフォントを斜めに変換して表示します。

- **normal**
  イタリック体や斜体ではない標準のフォントで表示します。

font-weightと同様に、一般的なユーザーの環境において、日本語フォントにイタリック体や斜体が用意されていることは期待できません。そのため、日本語を斜体で表示させたい場合は、値として「italic」を指定します（そうすると、イタリック体があればそれを採用し、それがなければ斜体を採用し、それもなければ標準のフォントを斜めに変換して表示されます）。em要素やi要素のように最初から斜体で表示されるフォントを標準状態に戻したい場合は、「normal」を指定します。

フォント関連の値をまとめて指定する

fontプロパティ

実は、ここまでに説明してきたフォント関連のプロパティの値を、まとめて一度に指定できるプロパティがあります。それが**fontプロパティ**です。

最新の仕様では以下に示した値以外も指定できるようになっていますが、本書では日本語環境で多く使用される次の主要な値に限定してその使い方と指定方法を説明します。

fontに指定できる値

- **font-styleの値**
  font-styleプロパティに指定できる値（p.084）が指定できます。
- **font-weightの値**
  font-weightプロパティに指定できる値（p.084）が指定できます。
- **font-sizeの値**　※必須
  font-sizeプロパティに指定できる値（p.079）が指定できます。
- **line-heightの値**
  line-heightプロパティに指定できる値（p.080）が指定できます。
- **font-familyの値**　※必須
  font-familyプロパティに指定できる値（p.083）が指定できます。

値の指定順序について

line-heightの値を除き、各プロパティの値は半角スペースで区切って指定します。ただし、必要な値だけを任意の順序で指定できるわけではない点に注意してください。値は次のルールで指定します。

1. はじめに、必要に応じてfont-styleとfont-weightの値を指定します。順序はどちらが先でもかまいません。指定しなければ値はそれぞれnormalにリセットされます。
2. 次に、font-sizeの値を指定します。この値は省略できません。
3. 次に、必要に応じてline-heightの値を指定します。この値を指定する場合は、font-sizeの値とのあいだを半角のスラッシュ(/)で区切ります。指定しなければ値はnormalにリセットされます。
4. 最後に、font-familyの値を指定します。この値は省略できません。

sample/0532/styles.css

```
01   h1 {
02     font: 24px serif;
03   }
04   p {
05     font: bold 13px/1.7 "Hiragino Sans", "Meiryo", sans-serif;
06   }
```

fontプロパティの使用例

テキスト関連プロパティ

さて、続けてフォント以外のテキスト関連プロパティを紹介していきます。フォント関連プロパティは見た目の変化がちょっと地味でしたが、ここからは見た目もそれなりに変化します。

text-shadowプロパティ

はじめは第2章で使用した**text-shadowプロパティ**です。その名のとおり、テキストに影を表示させるプロパティです。

text-shadowに指定できる値

- **単位つきの実数**
  「影の表示位置」と「ぼかす範囲」は単位つきの実数で指定します。
- **色**
  色の書式に従って影の色を指定できます。
- **none**
  影を表示させません。この値は単独で指定します。

影の表示位置の指定方法

テキストに影を表示させる場合は、まず「単位つきの実数」で影の表示位置を指定します。影の表示位置は、元のテキストの位置を基準に、そこから右方向への移動距離、下方向への移動距離の順に半角スペースで区切って指定します。影を左方向、上方向に移動させたい場合は、それぞれマイナスの値を指定してください。

さらに半角スペースで区切って、影をぼかす範囲（ぼかしの強さ）を指定することもできます。

影の色を指定する場合は、これらの数値全体の前か後ろに、半角スペースで区切って指定します。色を指定しなければ、影はcolorプロパティの色で表示されます。

影のさまざまな指定方法の例

複数の影を指定する場合

また、影は1つだけでなく複数表示させることもできます。複数の影を表示させるには、通常の影の指定をカンマで区切って複数書くだけでOKです。その場合は、より前に（左側に）指定されている影の方が上に重なって表示されます。

HTML sample/0533/index.html

```
01    <h1>これはh1要素です。</h1>
02
03    <h2>これはh2要素です。</h2>
```

```css
01  h1, h2 {
02    font-size: 40px;
03  }
04  h1 {
05    color: #fff;
06    background-image: url(images/leaf.jpg);
07    text-shadow: 3px 3px 5px rgba(0,0,0,0.5);
08  }
09  h2 {
10    color: #666;
11    background: #ccc;
12    text-shadow: -1px -1px 2px #000, 1px 1px 2px #fff;
13  }
```

text-shadowプロパティの使用例。h1要素の影には半透明の黒を指定。h2要素は、左上に黒い影、右下に白い影を表示させている

上のソースコード例を
表示させたところ

text-align プロパティ

次は、行揃えを指定する**text-align**プロパティです。

このプロパティは、ブロックレベル要素にしか指定できない点に注意してください（ブロックレベル要素に指定して、その内容であるインライン要素全体の行揃えを設定します）。次の値が指定できます。

text-alignに指定できる値

- **left**
  インライン要素は、左揃えで表示されます。

- **right**
  インライン要素は、右揃えで表示されます。

- **center**
  インライン要素は、中央揃えで表示されます。

```
HTML  sample/0534/index.html

01   <h1>左揃え</h1>
02   <h2>中央揃え</h2>
03   <h3>右揃え</h3>


CSS  sample/0534/styles.css

01   h1, h2, h3 {
02     font-size: 30px;
03   }
04   h1 { text-align: left; }
05   h2 { text-align: center; }
06   h3 { text-align: right; }
```

左のソースコード例を表示させたところ

text-align プロパティの使用例

text-decoration プロパティ

次は、主にテキストに下線を表示させる際に使用する **text-decoration プロパティ**です。次の値が指定できます。リンクのようにはじめから下線が表示されているテキストの下線を消すには「none」を指定します。

text-decoration に指定できる値

- **underline**
  下線を表示させます。
- **overline**
  上線を表示させます。
- **line-through**
  取消線を表示させます。
- **none**
  テキストの線を消します。

```
HTML  sample/0535/index.html

01   <h1>下線</h1>
02   <h2>上線</h2>
03   <h3>取消線</h3>


CSS  sample/0535/styles.css

01   h1, h2, h3 {
02     font-size: 24px;
03     font-weight: normal;
04   }
05   h1 { text-decoration: underline; }
06   h2 { text-decoration: overline; }
07   h3 { text-decoration: line-through; }
```

左のソースコード例を表示させたところ

text-decoration プロパティの使用例

letter-spacing プロパティ

次は文字間隔を指定する**letter-spacingプロパティ**です。標準の文字間隔の状態から、どれだけ間隔を開くのかを指定します。マイナスの値を指定して文字間隔を狭くすることもできます。次の値が指定できます。

letter-spacing に指定できる値

- **単位つきの実数**
  文字間隔を単位つきの実数で指定します。

- **normal**
  文字間隔を標準の状態にします。

HTML sample/0536/index.html

```
01  <h1>文字間隔を「-2px」にしています。</h1>
02  <h2>文字間隔を「normal」にしています。</h2>
03  <h3>文字間隔を「3px」にしています。</h3>
04  <h4>文字間隔を「6px」にしています。</h4>
```

CSS sample/0536/styles.css

```
01  h1, h2, h3, h4 {
02    font-size: 16px;
03    font-weight: normal;
04  }
05  h1 { letter-spacing: -2px; }
06  h2 { letter-spacing: normal; }
07  h3 { letter-spacing: 3px; }
08  h4 { letter-spacing: 6px; }
```

letter-spacingプロパティの使用例

上のソースコード例を表示させたところ

text-indent プロパティ

次はブロックレベル要素の1行目のインデント（字下げ）の量を指定する**text-indent プロパティ**です。通常はp要素に適用しますが、それ以外のブロックレベル要素にも適用できます。初期値は0です。p要素に対して「1em」を指定すると、段落の先頭がほぼ1文字分あきます。次の値が指定できます。

text-indent に指定できる値

- **単位つきの実数**
  インデントの量を単位つきの実数で指定します。
- **パーセンテージ**
  インデントの量を幅に対するパーセンテージで指定します。

`HTML` sample/0537/index.html

```
01   <p>
02   その講習会場でインデントという言葉を初めてきいたとき、文男は入れ歯安定剤のことを想像した。
     そういえばそろそろなくなりかけていたかもしれない。文男は忘れないようにとメモ帳に「インデン
     ト買う」と書いた。
03   </p>
04   <p>
05   その帰り道、文男はドラッグ・ストアに寄った。インデントを購入することを忘れずにおぼえていた
     のだ。
06   </p>
```

`CSS` sample/0537/styles.css

```
01   p { text-indent: 1em; }
```

text-indent プロパティの使用例

その講習会場でインデントという言葉を初めてきいたとき、文男は入れ歯安定剤のことを想像した。そういえばそろそろなくなりかけていたかもしれない。文男は忘れないようにとメモ帳に「インデント買う」と書いた。

その帰り道、文男はドラッグ・ストアに寄った。インデントを購入することを忘れずにおぼえていたのだ。

上のソースコード例を表示させたところ

text-transform プロパティ

次の**text-transform**プロパティを使用すると、アルファベットを大文字で表示させたり、小文字で表示させたりすることができます。

もちろん、ソースコード上ですべて大文字で書けばそのまま大文字で表示されることになりますが、表示上大文字にするのか小文字にするのかといった制御に関しては、Webページの元データであるHTMLのソースコード自体を書き換えずに、CSS側で対処する方がスマートです。しかも、アルファベットをすべて大文字で入力してしまうと、音声で読み上げさせるときに正しく読み上げられなくなる可能性もあります（環境やその単語にもよりますが、すべて大文字にすると単語として発音されずに、1文字ずつアルファベットで読み上げられる場合もあります）。次の値が指定できます。

text-transform に指定できる値

- **uppercase**
  半角のアルファベットをすべて大文字で表示させます。

- **lowercase**
  半角のアルファベットをすべて小文字で表示させます。

- **capitalize**
  半角のアルファベットのうち、各単語の先頭の文字だけを大文字で表示させます。

- **none**
  テキストを元の状態のまま表示させます。

HTML sample/0538/index.html

```
01  <h1>This property transforms text.</h1>
02  <h2>This property transforms text.</h2>
03  <h3>This property transforms text.</h3>
04  <h4>This property transforms text.</h4>
```

CSS sample/0538/styles.css

```
01  h1, h2, h3, h4 {
02    font-size: 16px;
03    font-weight: normal;
04  }
05  h1 { text-transform: uppercase; }
06  h2 { text-transform: lowercase; }
07  h3 { text-transform: capitalize; }
08  h4 { text-transform: none; }
```

text-transformプロパティの使用例

THIS PROPERTY TRANSFORMS TEXT.

this property transforms text.

This Property Transforms Text.

This property transforms text.

左ページのソースコード例を表示させたところ

white-space プロパティ

通常、HTMLでは半角スペース・改行・タブは（連続していればそれらをまとめて）1つの半角スペースに変換して表示しますが、**white-spaceプロパティ**を使用するとその表示方法を変更することができます。指定する値によって、それぞれ次のような表示となります。

white-spaceに指定できる値

- **normal**
  半角スペース・改行・タブは、（連続していればまとめて）半角スペースに変換して表示します。幅がいっぱいになると自動的に行を折り返します。

- **nowrap**
  半角スペース・改行・タブは、（連続していればまとめて）半角スペースに変換して表示します。自動的な行の折り返しはしません。

- **pre**
  半角スペース・改行・タブは、そのまま入力されている通りに表示します。自動的な行の折り返しはしません。

- **pre-wrap**
  半角スペース・改行・タブは、そのまま入力されている通りに表示します。幅がいっぱいになると自動的に行を折り返します。

- **pre-line**
  半角スペースとタブは、（連続していればまとめて）半角スペースに変換して表示します。改行については、そのまま入力されている通りに表示します。幅がいっぱいになると自動的に行を折り返します。

縦書き用プロパティ

writing-mode プロパティ

この章の最後に、テキストを縦書きで表示させることのできる**writing-modeプロパティ**を紹介しておきましょう。

このプロパティは、用途が特殊な一部の例外を除くほとんどの要素に指定でき、その要素内のテキストを横書き（horizontal）にするか縦書き（vertical）にするかを設定します。縦書きには、右から左へ読み進めるものと、左から右へと読み進めるものとがありますので、その方向も含めた値が用意されています。指定できる値は次の通りです。

writing-mode に指定できる値

- **horizontal-tb**
  横書きにします。tbは上から下（top-to-bottom）の意味です。

- **vertical-rl**
  右から左へと進む縦書きにします。rlは右から左（right-to-left）の意味です。

- **vertical-lr**
  左から右へと進む縦書きにします。lrは左から右（left-to-right）の意味です。

```
HTML  sample/0539/index.html
01    <body>
02    <h1>ＣＳＳ３妖怪図鑑</h1>
03    <p>
04    ...
05    </p>
06    <body>
```

```
CSS  sample/0539/styles.css
01    body {
02        writing-mode: vertical-rl;
03        font-family: serif;
04        line-height: 1.7;
05    }
```

writing-modeプロパティの使用例

左のソースコード例を表示させたところ

第

6

章

CSSの適用先の
指定方法

ここまでのサンプルでは、CSSの適用先として
要素名だけを指定してきました。しかし、実際の
Webページのレイアウトをおこなっていると、
同じ種類の要素であっても異なる表示指定をし
なければならない場面が頻繁に発生します。第6
章では、CSSのセレクタの指定方法についてひ
ととおりまとめて学習します。

1 よく使う主要なセレクタ

第3章-4ですでに説明したように、CSSをどの要素に対して適用するかを指定するのが「セレクタ」です。ここまでは「要素名」をセレクタに使用してきましたが、セレクタには他にもいろいろな種類があります。

タイプセレクタ

ここまでのサンプルで使用してきたように、「要素名」をそのまま使って指定するセレクタのことを**タイプセレクタ**と言います（要素のタイプ、つまり要素の種類で指定するセレクタという意味です）。

> **HTML** sample/0610/index.html
>
> ```
> 01   <h1>これはh1要素です</h1>
> 02   <h2>これはh2要素です</h2>
> 03   <h3>これはh3要素です</h3>
> ```
>
> **CSS** sample/0610/styles.css
>
> ```
> 01   h1 { color: red; }
> 02   h2 { color: black; }
> 03   h3 { color: blue; }
> ```

タイプセレクタの使用例

上のソースコード例を表示させたところ

ユニバーサルセレクタ

「要素名」の代わりに「*」を指定すると、すべての要素に適用されます。このセレクタは**ユニバーサルセレクタ**と呼ばれています。

ただし、「*」の直後にほかのセレクタが続く場合に限り、「*」を省略して書くことができます（次の「クラスセレクタ」のところで詳しく説明します）。

HTML sample/0611/index.html

```
01    <h1>これはh1要素です</h1>
02    <h2>これはh2要素です</h2>
03    <h3>これはh3要素です</h3>
```

CSS sample/0611/styles.css

```
01    * { color: red; }
```

ユニバーサルセレクタの使用例

上のソースコード例を表示させたところ

クラスセレクタ

class属性に特定の値が指定されている要素を適用対象とすることができます。このセレクタを使用する場合、はじめに「要素の名前」または「*」を書きます。これは、適用対象を特定の要素に限定する場合は「要素の名前」を指定し、要素を特に限定しない場合は「*」を使用するということです。

あとは、その直後にピリオド（.）をつけ、さらに続けてclass属性の値を追加するだけでOKです。

このように「*」の直後に何かが続く場合には、「*」を省略することができます。たとえば、class属性の値として「sample」が指定されている要素を適用対象としたい場合には、次のように書くことができます。

```
p.sample {・・・}  ←── class="sample" が指定されているp要素に適用
*.sample {・・・}  ←── class="sample" が指定されているすべての要素に適用
.sample {・・・}  ←── 「*」を省略した書き方
```

クラスセレクタの書き方のパターン

class属性の値は半角スペースで区切って複数指定できますが、この指定方法では指定された値が複数の値のうちのどれか1つと合致すればCSSが適用されることになります。

HTML sample/0612/index.html

```
01    <p>これはp要素です</p>
02    <p class="abc">これはp要素です</p>
03    <p class="abc def ghi">これはp要素です</p>
04    <p>これはp要素です</p>
```

CSS sample/0612/styles.css

```
01    .abc { color: red; }
```

クラスセレクタの使用例

これはp要素です

これはp要素です

これはp要素です

これはp要素です

上のソースコード例を表示させたところ

IDセレクタ

クラスセレクタと同様に、id属性に特定の値が指定されている要素を適用対象とすることができます。書き方もクラスセレクタと同様ですが、**IDセレクタ**の場合は「.」ではなく「#」を使います。この場合も、「*」は省略可能です。

なお、id属性はclass属性とは異なり、半角スペースで区切って複数の値を指定することはできない点に注意してください。

```
p#sample {・・・}  ←── id="sample" が指定されているp要素に適用
*#sample {・・・}  ←── id="sample" が指定されているすべての（任意の）要素に適用
#sample {・・・}  ←── 「*」を省略した書き方
```

IDセレクタの書き方のパターン

```
HTML  sample/0613/index.html

01    <p>これはp要素です</p>
02    <p id="abc">これはp要素です</p>
03    <p>これはp要素です</p>
04    <p>これはp要素です</p>

CSS  sample/0613/styles.css

01    #abc { color: red; }
```

IDセレクタの使用例

上のソースコード例を表示させたところ

疑似クラス

疑似クラスとは、ある要素が特定の状態にあるときに限定して適用するセレクタです。たとえば、同じa要素でも「リンク先をまだ見ていない状態」と「リンク先をすでに見た状態」で異なる文字色を指定する場合などに使用します。「クラス」という名前がついてはいますが、class属性との関連はありません。

疑似クラスは全部で20種類以上ありますが、ここではその中でも使用頻度の高い、以下の4種類を紹介しておきます。

疑似クラス	適用対象
要素:link	リンク先をまだ見ていない状態のa要素
要素:visited	リンク先をすでに見た状態のa要素
要素:hover	カーソルが上にある状態の要素
要素:active	マウスのボタンなどが押されている状態の要素

主要な4つの疑似クラス

「:link」と「:visited」はリンク部分、つまりa要素だけを対象としますが、「:hover」と「:active」はa要素以外にも使用できます。なお、「:hover」はカーソルが表示されることを前提としたセレクタであるため、カーソルが表示されないスマートフォンやタブレット端末ではその指定が無効となってしまう点に注意してください。

上表の「要素」と書いてある部分には、クラスセレクタやIDセレクタのときと同じように「要素の名前」または「*」が指定でき、「*」は省略可能です。

疑似クラスの指定順序

これら4つの疑似クラスを同時に使用する際には、指定する順序に注意する必要があります。これらの疑似クラスの中には、同時にその状態になり得る（つまり表示指定が競合する）ものが含まれており、CSSではそのような場合はあとの指定だけが有効となってしまう（前の指定は後の指定で上書きされる）仕様になっているからです。

たとえば、「:link」と「:visited」が同時にその状態になることはありませんが、「:hover」と「:active」はほかの状態と同時になり得ます。もし、「:hover」や「:active」の表示指定のあとに「:link」や「:visited」の表示指定があると、「:hover」や「:active」の表示指定は常に「:link」や「:visited」の表示指定に上書きされて無効になってしまうということです。したがって、「:hover」と「:active」の表示指定は、「:link」と「:visited」の表示指定よりもあとに書かなければなりません。

また、「:active」のあとに「:hover」があると、「:active」の表示指定よりも「:hover」の表示指定が有効となってしまい、「:active」の表示指定は常に無効となってしまいます。そのため、まず最初に「:link」と「:visited」の指定を書き、そのあとにそれを上書きするように「:hover」と「:active」を順に指定する必要があるわけです。

これら4つの疑似クラスの指定は、常に次のサンプルと同じ順でおこなうものと覚えてください。

```
HTML  sample/0614/index.html

01    <p>
02    ここはp要素の内容です。<a href="../0615/index.html">この部分はa要素です。</a>ここ
      はp要素の内容です。
03    </p>


CSS  sample/0614/styles.css

01    a:link    { color: blue; }
02    a:visited { color: purple; }
03    a:hover   { color: red; }
04    a:active  { color: yellow; }
```

疑似クラスの使用例

ここはp要素の内容です。この部分はa要素です。ここはp要素の内容です。

上のソースコード例を表示させたところ

結合子

セレクタをカンマ(,)で区切ることで、適用先を複数指定できることはすでに説明しました。それと同様に、セレクタを半角スペースで区切って複数並べると、「左側の適用対象」の中に含まれる「右側の適用対象」に表示指定が適用されます。半角スペースで区切るセレクタは2つに限らず、いくつでも区切って適用対象を絞り込むことができます。

たとえば「h1 em」と書くと、h1要素の中に含まれるem要素だけに適用されることになります（p要素内のem要素などには適用されません）。
同様に、「body.top h1 em」と書くと、「class="top"」が指定されているbody要素に含まれるh1要素にさらに含まれるem要素だけに適用されます。

```
HTML  sample/0615/index.html
01    <h1>これは<em>h1要素</em>です。</h1>
02    <p>これは<em>p要素</em>です。</p>
03    <p>これは<em>p要素</em>です。</p>

CSS  sample/0615/styles.css
01    h1 em {
02      color: red;
03      font-style: normal;
04    }
```

結合子の使用例

上のソースコード例を表示させたところ

その他のセレクタ

第6章-1では、セレクタの基本となる主要なセレクタについて説明しました。ここではそれ以外のセレクタを分類別に紹介していきます。

属性セレクタ

属性セレクタは、特定の属性が指定されている要素、または特定の属性に特定の値が指定されている要素を適用対象とするためのセレクタで、次のものがあります。

属性セレクタ	適用対象
要素 [属性名]	「属性名」の属性が指定されている要素
要素 [属性名="属性値"]	「属性名」の属性に「属性値」の値が指定されている要素（値全体が一致）
要素 [属性名~="属性値"]	「属性名」の属性に「属性値」の値が指定されている要素（値全体または半角スペース区切りの値のどれかと一致。「属性名」が「class」の場合はクラスセレクタと同じ）
要素 [属性名|="属性値"]	「属性名」の属性に「属性値」の値が指定されている要素（値全体またはハイフン区切りの値の前半が一致。言語コード「en-US」などに使用）
要素 [属性名^="属性値の始め"]	「属性名」の属性の値が「属性値の始め」で始まる要素
要素 [属性名$="属性値の終り"]	「属性名」の属性の値が「属性値の終り」で終わる要素
要素 [属性名*="属性値の一部"]	「属性名」の属性の値が「属性値の一部」を含む要素

要素 [属性名~="属性値"] という書式は、「属性名」が「class」の場合にはクラスセレクタとまったく同じ意味の指定となります。

その他の疑似クラス

すでに紹介したリンク関連の4種類以外の疑似クラスには、次のようなものがあります。

疑似クラス	適用対象
要素:nth-child(式)	先頭から○個目の要素から△個おきに適用
要素:nth-last-child(式)	最後から○個目の要素から△個おきに適用
要素:nth-of-type(式)	先頭から○個目の要素から△個おきに適用（同じ要素名の要素のみ対象）
要素:nth-last-of-type(式)	最後から○個目の要素から△個おきに適用（同じ要素名の要素のみ対象）
要素:first-child	最初の要素
要素:last-child	最後の要素
要素:first-of-type	最初の要素（同じ要素名の要素のみ対象）
要素:last-of-type	最後の要素（同じ要素名の要素のみ対象）
要素:only-child	兄弟要素がない一人っ子状態の要素
要素:only-of-type	兄弟要素がない一人っ子状態の要素（同じ要素名の要素のみ対象）
要素:focus	フォーカス（選択）された状態の要素
要素:checked	ラジオボタンやチェックボックスがチェックされた状態の要素
要素:disabled	「disabled」の状態の要素
要素:enabled	「disabled」の状態ではない要素
要素:root	ルート要素（html要素）
要素:empty	要素内容が空の要素
要素:target	URLの最後が「#○○○」となっているリンクをクリックした時の対象要素
要素:lang(言語コード)	「言語コード」の言語に設定されている要素
要素:not(セレクタ)	「セレクタ」の対象外のすべての要素

ここで、表の上から4つの疑似クラスにある「式」について説明しておきましょう。

この式は「○個目から△個おき」という情報を示すためのもので、基本的には「an+b」という形式の書式であらわします。この書式では、「n」は0から1ずつ増える整数としてそのまま使い、「a」と「b」の部分に具体的な整数を当てはめて使用します。「a」と「b」には負の整数や0も指定でき、「3n+0」なら「3n」、「1n+3」なら「n+3」、「0n+3」なら「3」のように書くこともできます。

たとえば、「:nth-child(2n+1)」のように指定すると、最初は「n」は0ですので「2×0+1＝1」、次は「n」は1となって「2×1+1＝3」、その次は「n」は2となって「2×2+1＝5」、というように奇数個目（1個目から2個おき）の要素に適用されるようになります。

同様に、偶数個目に適用したい場合は「:nth-child(2n+0)」または単に「:nth-child(2n)」のように書くことができます。

また、「an」部分を省略して「b」だけを指定し、「:nth-child(3)」のように指定すると3個目、「:nth-child(5)」のように指定すると5個目の要素だけに適用することができます。

この書式の数値を変えることで「○個目から△個おき」の要素に自由に適用が可能となりますが、単純に「奇数個目」「偶数個目」をあらわす場合には、式を使わずに「odd」「even」というキーワードも指定できるようになっています。これらのセレクタは、表の色を１行置きに変えたい場合などに使用すると便利です。

HTML sample/0620/index.html

```
01  <p>これはp要素です。</p>
02  <p>これはp要素です。</p>
03  <p>これはp要素です。</p>
04  <p>これはp要素です。</p>
05  <p>これはp要素です。</p>
06  <p>これはp要素です。</p>
```

CSS sample/0620/styles.css

```
01  p:nth-child(odd) {            /* 奇数個目 */
02    color: white;
03    background-color: gray;
04  }
05  p:nth-child(even) {           /* 偶数個目 */
06    color: white;
07    background-color: silver;
08  }
09  p:nth-child(6) {             /* 6個目 */
10    color: white;
11    background-color: red;
12  }
```

疑似クラスの使用例

上のソースコード例を表示させたところ

疑似要素

疑似要素とは、簡単に言えばタグのつけられていない範囲（つまりHTMLの要素にはなっていない部分）に対してCSSを適用するためのセレクタです。たとえば、ある要素の1文字目だけにCSSを適用したり、HTML上では存在していないコンテンツを追加してその部分の表示指定をすることもできます。CSSでコンテンツを追加する方法については、第11章で解説しますが、疑似要素に分類されるセレクタには次のものがあります。

疑似要素	適用対象
要素::first-line	ブロックレベル要素の1行目
要素::first-letter	ブロックレベル要素の1文字目
要素::before	要素内容の先頭にCSSで要素内容を追加
要素::after	要素内容の末尾にCSSで要素内容を追加

これらの疑似要素のうち、「::first-line」と「::first-letter」に関しては、適用できる要素がブロックレベル要素に限定されている点に注意してください。

実はCSS2.1までは、疑似要素も疑似クラスと同じく「:first-line」「:first-letter」と（コロン1つで）書くことになっていました。しかし疑似クラスと疑似要素を明確に区別できるようにする目的で、CSS3からは疑似要素にはコロンを2つ付けることになっています。現在のブラウザはCSS2.1にも対応していますので、どちらの書き方をしても表示上の問題は発生しません。

その他の結合子

複数のセレクタを半角スペースで区切って並べることで、「左側のセレクタの適用対象」の中に含まれる「右側のセレクタの適用対象」だけを適用対象とすることができました。この場合の半角スペースと同様に適用対象を絞り込むことのできる**結合子**には、次のものがあります。

結合子	適用対象
セレクタ1 > セレクタ2	「セレクタ1」の直接の子要素である「セレクタ2」の要素
セレクタ1 + セレクタ2	共通の親要素を持つ要素の中で「セレクタ1」の直後にあらわれる「セレクタ2」の要素
セレクタ1 ~ セレクタ2	共通の親要素を持つ要素の中で「セレクタ1」よりも後にあらわれる「セレクタ2」の要素

セレクタの組み合わせ方

セレクタは単独で使うだけではなく、組み合わせて使うこともできます。組み合わせ方によってさまざまな指定が可能です。

セレクタの基本単位

セレクタの種類がひととおり分かったところで、次にそれらの組み合わせ方のルールについて説明します。はじめはセレクタの基本単位（最小構成）となる部分の組み合わせのルールからです。セレクタの基本単位は、疑似要素と結合子以外のセレクタで構成されます。

基本単位の先頭には、必ずタイプセレクタ（要素名）またはユニバーサルセレクタ（*）のいずれかを1つ配置する必要があります。もちろん、そのあとに何かが続く場合はユニバーサルセレクタを省略できます。あとはそれに続けてクラスセレクタ・IDセレクタ・疑似クラス・属性セレクタのうちの必要なものを必要な数だけ順不同で連結させたものがセレクタの基本単位となります。

基本単位の組み合わせ方

セレクタの基本単位は、結合子で区切っていくつでも指定できます。結合子の前後には、半角スペース・改行・タブを自由に入れることができます。疑似要素は、セレクタ全体の最後尾に1つだけ指定することができます。

指定が競合した場合の優先順位

CSSには、競合した指定の優先順位を決めるためのルールがあり、それにはセレクタも大きく関係しています。ここでは、そのルールについて詳しく説明しておきます。

さて、実際の制作においてCSSによる長い表示指定をしていると、どこかですでに表示指定をしているにもかかわらず重複する指定をしてしまうことがあります。これは複数人によるチームでCSSを指定している場合や途中で担当者が変わった場合などによく起こります。そのようなとき、同じ適用先に対して異なる表示指定があると、どうなってしまうのでしょうか？　以下では、CSSが競合した場合の優先順位を決めるためのルールについて説明します。

優先順位の決定方法

同じ適用対象に対して、複数個所で異なる表示指定がされた場合、CSSでは基本的に次のルールで優先される指定を決定し適用します。

1. **!important のついている指定は最優先**
2. **使用しているセレクタの種類から優先度を計算**
3. **計算結果の優先度が同じなら後の指定を優先**

まず、CSSの宣言（「プロパティ名: 値」の部分）の後ろに「**!important**」と書いておくと、その指定が最優先されます。たとえば、次の例の3つの中では、真ん中の指定が優先されることになります。

```
p { color: red; }
p { color: green !important; }  ◀──── この指定が優先される
p { color: blue; }
```

「!important」がつけられている指定が優先して適用される

競合する指定に「!important」がつけられていない場合、または競合する複数の指定に「!important」がつけられている場合は、その優先順位をセレクタの種類から導き出すことになります。これについては、次の「セレクタからの優先度の計算方法」で、その計算方法を詳しく説明します。

セレクタで計算しても結果的に優先順位が同じになってしまった場合は、より後からの指定の方が優先されることになります（つまり、優先順位が同じであれば、後からの指定が前からの指定を上書きするということです）。

「!important」はユーザースタイルシートでも使用できる

Webページを制作する際にはそれほど気にする必要もないのですが、CSSはWebページの制作者だけでなく、ユーザーからも指定できるようになっています（多くのブラウザはユーザーが指定したCSSファイルを読み込めるようになっており、そのようなCSSファイルはユーザースタイルシートと呼ばれています）。さらに、制作者が特にCSSを指定しなくても、ブラウザはHTMLをそれなりに内容が分かるように表示しますが、それはブラウザがデフォルトのCSS（または結果的にそのようになる仕組み）を持っているからです。つまり、CSSは「制作者」「ユーザー」「ブラウザ」という三者のあいだでも競合する可能性があるということです。その三者における優先順位は次のようになっています。

1. ユーザーのCSS（!importantつき）
2. 制作者のCSS（!importantつき）
3. 制作者のCSS
4. ユーザーのCSS
5. ブラウザのデフォルトCSS

実は「!important」はユーザーのCSSでも使用でき、ユーザースタイルシート内でそれを使った場合がもっとも優先度が高くなります。これはたとえば視覚障害のある人の「背景を暗く、文字色を明るくしないと見えにくい」といったニーズに応えることができるようにするためです。
「!important」を使わない場合は、制作者のCSSが最優先で適用されます。

セレクタからの優先度の計算方法

続けて、セレクタから優先順位を計算する方法を説明しましょう。しかしその前に、CSSにはセレクタのない指定があったことも思い出してください。それはstyle属性の値としてCSSの宣言部分だけを指定する場合です。実はこのセレクタのない指定が、セレクタによる優先順位としてはもっとも高くなります。

style属性による指定ではなく、セレクタが指定されている場合の優先順位の計算方法は下の図の通りです。簡単に言えば、セレクタを構成する各部分を種類別に分類して数を数え、それによって作られた3桁※の数字が大きい方が優先順位が高くなる、ということです。見ると分かるように、3桁目はIDセレクタ、2桁目はid属性以外の属性関連セレクタ、1桁目は要素関連セレクタとなっていて、IDセレクタを使うと優先度が高くなることが分かります。

3桁目	2桁目	1桁目
IDセレクタ（#○○○）の数	クラスセレクタ（.○○○）の数 ＋ 属性セレクタ（[○○○]）の数 ＋ 疑似クラス（:○○○）の数	タイプセレクタ（要素名）の数 ＋ 疑似要素（::○○○）の数

セレクタから優先順位を計算する方法。この3桁の数字が大きいほど優先順位は高くなる

なお、この計算においては、ユニバーサルセレクタ（*）は無視されます。また、疑似クラスのうち「:not()」は、()内のセレクタはほかの部分と同じようにカウントされますが、「:not()」自身は疑似クラスとしてはカウントされません。

※この3桁の数字の各桁は、たとえ該当するセレクタが10個以上あった場合でも、決して繰り上がらないものとして考えることになっています（つまり、普通の10進数ではないということです）。したがって、2桁目に該当するクラスセレクタがたとえ100個あったとしても、IDセレクタが1つ入っているセレクタの方が優先度は高くなります。

第7章

ページ内の構造

「ページ全体の枠組み」とその内容となる「テキスト」についてはすでに学習しましたので、ここではページを構成する各部分の枠組み・領域を作るための要素とプロパティを紹介していきます。また、テキスト以外のコンテンツ（画像・動画・音声など）を埋め込むための要素についてもここで学習します。

基本構造を示す要素

まず最初に、ページ内の基本構造を示す要素として、章・節・項のような大枠での範囲をあらわすセクション関連要素と、メインコンテンツ・ヘッダー・フッターといった各種領域を示す要素を紹介します。

セクションについて

HTML5よりも前のHTMLにおいては、見出しをあらわす要素（h1〜h6）は用意されていたものの、章・節・項のような範囲を明確に示すための要素やルールは用意されていませんでした。そのため、章や節などの範囲は、見出しの階層などから推測することしかできませんでした。

HTML5からは、章・節・項などの範囲（セクション）を示すための新しい要素とルールが導入されています。セクションの範囲を示す要素を使用すると、セクションの範囲が明確に分かるだけでなく、その親子関係（「章」の中に別セクションがあれば「節」と判断できるなど）も明確になります。また、必ずしもセクションのタグがつけられていなくてもセクションの範囲が分かるように、次のようなルールも導入されました。

見出しでセクションの範囲と階層を判断するためのルール

まず、セクション内で最初にあらわれる見出しは、そのセクションの見出しとなります。そして、次の見出しがあらわれたときに、見出しの階層が前の見出しと同じかそれより上であればその直前で前のセクションは終了し、新しい見出しとともに新しいセクションがはじまっているものと判断します。見出しの階層が前の見出しよりも下であった場合は、そこから（前の見出しのセクションに含まれる）サブセクションがはじまるものと判断します。

このようなルールの導入により、セクション関連要素を使っていなくても適切な階層の見出しを使用していればセクションの範囲と親子関係が分かり、逆にセクション関連要素を適切に使用していれば見出しの数字に関係なく章・節・項などの親子関係を明確に示すことができるようになりました。しかし、セクションの範囲にはセクションを示すタグを明示的につけ、見出しについてはそれぞれの階層に合わせた見出し※を使うことが推奨されています。

※HTML Living Standardの仕様書では、セクションを示すタグが明示的に使用されているのであれば、すべての見出しをh1要素にすることも認められています。

セクションをあらわす要素

HTML5以降では、セクションの範囲を示す要素は全部で4種類ありますが、ここではそのうちの3つを紹介します（残りの1つはナビゲーションのセクションを示すための専用要素で詳しくは「第9章 ナビゲーション」で解説します）。

要素名	意味
article	内容がそれだけで完結している記事のセクション
aside	本題から外れた内容のセクション
section	上の2種類のセクション以外の一般的なセクション

ナビゲーション以外のセクションをあらわす3つの要素

article要素は、内容がすべてそこに含まれており、それだけで完結しているセクションをあらわすための要素です。新聞や雑誌の記事のことを英語で**article**と言いますが、そのような1つの記事全体をマークアップする際に使用します。また、この要素はブログ記事やそれに対する各コメントのようなユーザーが投稿した単位での完結した内容をマークアップする際にも使用できます。

aside要素は、親要素の内容とは直接的には関係がなかったり横道にそれるような内容で、主コンテンツとは分離させた方がよさそうな（新聞であれば記事とは別に枠で囲って掲載するような内容の）各種セクションをあらわすための要素です。
具体的には、主記事に対する補足記事、プル・クォート（読者の興味を引くために本文の一部を抜粋して目立つように掲載した文章）、広告、ナビゲーションのグループなどに対して使用します。

section要素は、article要素やaside要素に該当しない一般的なセクションをあらわすための要素です。article要素はそれだけで完結している範囲に対して使用しましたが、全体の一部であるセクション（章や節など）をマークアップする際にはsection要素を使用してください。

基本構造を示すその他の要素

セクションの範囲をあらわすわけではありませんが、ページ内において基本構造を示す要素には、次のものがあります。

要素名	意味
main	メインコンテンツ
header	ヘッダー
footer	フッター
address	問い合わせ先

これらも基本構造を示す要素ではあるが、その範囲はセクションにはならない

main要素

main要素は、そのページにおけるメインコンテンツの範囲を示すために使用される要素です。この要素は、たとえば視覚障害を持つユーザーがページの内容を音声で読み上げさせるときに、ページのヘッダー部分を読み飛ばして、すぐにメインコンテンツの内容を聞けるようにする、といった使い方も想定して用意された要素です。したがって、main要素の内容には、各ページで共通しているサイトのロゴやナビゲーション、検索フォーム、Copyrightの表記などは含めずに、そのページに特有の情報だけを入れるようにしてください。

main要素はこのような目的で使用される要素であるため、1つのページ内では基本的に1つしか配置できません。複数のmain要素を配置する必要がある場合は、1つを除いてすべてのmain要素にhidden属性（要素を非表示にするグローバル属性）を指定し、ユーザー側から見て存在しない状態にしなければなりません。

また、main要素を含むことができるのは基本的にhtml要素・body要素・div要素・form要素※だけである点にも注意してください。

※main要素を含むことができる要素の詳しい情報については巻末付録の「HTMLの要素の配置のルール」を参照してください。

header要素

header要素は、いわゆるヘッダー的な部分の範囲を示すために使用される要素です。内容としては見出しや導入文的なテキスト、ロゴ画像、ナビゲーション、検索フォーム、目次などを入れることができます。この要素の内部には、header要素とfooter要素は入れられない点に注意してください。

footer要素

footer要素は、いわゆるフッター的な部分の範囲を示すために使用される要素です。そのfooter要素を含むもっとも近いセクションまたはページ全体のフッターとなります。内容としては一般的に、執筆者の名前や関連文書へのリンク、Copyrightの表記などが入れられます。header要素と同様に、この要素の内部にはheader要素とfooter要素は入れられない点に注意してください。

多くの場合、この要素は下部に配置されますが、上部に配置してもかまいません（たとえば下部にある「前ページ」「次ページ」へのリンクを上部にも配置したい場合など）。また、長めの使用許諾や巻末資料、索引、奥付などのセクションをまるごとfooter要素内に格納することもできます。

address要素

address要素は、そのaddress要素を含むもっとも近い**article**要素（記事）または**body**要素（ページ全体）の内容に関する「問い合わせ先（連絡先）」を示す要素です。内容として入れられるのは問い合わせ先だけに限定されており、見出しやセクション、header要素、footer要素、address要素は入れられません。

なお、この要素の名前はaddressですが、記事やページ全体に関する問い合わせ先以外の住所をマークアップする際には使用できません。問い合わせ先ではない住所をマークアップする場合はp要素を使用してください。

```
01  <footer>
02    <address>
03      フリーダイヤル　0120-△△△-△△△
04      <br>
05      [受付時間] 平日9:00〜17:00（土日祝・年末年始を除く）
06    </address>
07    <p>
08      <small>&copy; copyright 2022 Example.</small>
09    </p>
10  </footer>
```

footer要素とaddress要素の使用例

画像・動画・音声関連要素

構造や枠組みをあらわす要素ではありませんが、ここで画像や動画、音声などのファイルをWebページ内に組み込むための要素も紹介しておきます。

画像

img要素

はじめは、Webページに画像を組み込むための**img要素**からです。この要素は、要素内容のない空要素で、表示させたい画像のURLをsrc属性で指定すると画像が表示されるようになります。さまざまな形式の画像を表示させられますが、一般的にはPNG形式、JPEG形式、GIF形式、SVG形式が使用されています。

alt属性について

alt属性には、画像が正しくロードできなかった場合や、そもそも画像を表示することができない音声や点字などの環境で利用する、画像の代わりのテキストを指定します。ここで指定するのは、あくまで"画像の代わり"として使用するテキストであって、画像の説明をするためのテキストではない点に注意してください（つまり、画像が表示されない状態でそれがどんな画像なのかを説明するテキストではなく、画像の代わりとして機能するテキストを入れるということです）。たとえば、「検索」を意味する「虫眼鏡のアイコン画像」を使用するのであれば、alt属性の値には「虫眼鏡」と指定するのではなく「検索」と指定してください。画像に関する説明や補足情報などを含めたい場合には、グローバル属性のtitle属性を使用します。

HTML5よりも前のHTMLではalt属性を指定することは必須でしたが、HTML5以降では特定の条件を満たす場合に限って省略可能となっています。とはいえ、通常の使用においては指定することが「ほぼ必須」の属性であると考えておいた方がよいでしょう。

img要素に指定できる属性

- **src="画像のURL"**　　**※必須**
  表示させる画像のURLを指定します。
- **alt="代替テキスト"**
  画像が表示できない場合に、その代わりとして使用するテキストを指定します。
- **width="幅"**
  画像の幅（実際の幅ではなく表示させる幅）をピクセル数（単位をつけない整数）で指定します。
- **height="高さ"**
  画像の高さ（実際の高さではなく表示させる高さ）をピクセル数（単位をつけない整数）で指定します。

sample/0720/index.html

```
01    <h1>
02    <img src="logo.png" alt="株式会社サンプルサイト" width="300" height="69">
03    </h1>
```

img要素の使用例

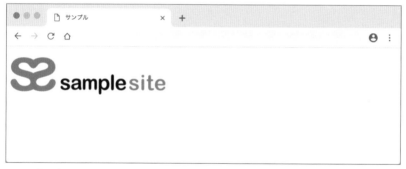

img要素の表示例

インライン要素の縦位置の指定

ここで、画像が配置される位置に関連する重要なプロパティを1つ紹介しておきます。まずは次のサンプルを見てください。HTMLではh1要素の中にimg要素を入れ、CSSではh1要素に背景色（黄色）を指定しているだけのシンプルなソースコードです。

```
HTML  sample/0721/index.html

01  <h1>
02  <img src="images/sky.jpg" alt="空の画像">
03  </h1>


CSS  sample/0721/styles.css

01  h1 { background: #fc0; }
```

黄色い背景の見出しの中に画像を入れただけのサンプル

これをブラウザで表示させると、次のようになります。ここで注目してほしいのは、画像の下に隙間ができていることです。これはGoogle Chromeだからこうなっているというわけではなく、どのブラウザでも同じように隙間ができます。これが仕様通りの表示なのです。

上のサンプルの表示。画像の下に隙間ができている

インライン要素の「ディセンダ」に注意

では、この隙間の正体は何で、それを消すためにはどうすればいいのでしょうか？　まずこの隙間の正体ですが、これは「**ディセンダ**」と呼ばれるもので、アルファベットの小文字の「g」や「j」のようにテキストのベースラインよりも下にはみ出す部分がある文字の、そのはみ出す部分を表示させるために用意されている領域です。img要素はインライン要素ですので、普通のテキストと同じように行の中に表示されているため、つまり、黄色い背景で表示されている領域は普通のインラインの1行であるために、このようにディセンダの領域も表示されているのです。もしh1要素の内容がテキストだけなら何の違和感もないのですが、テキストが一切なくて画像だけが入っているのでディセンダ領域が目立っているというわけです。

テキストのベースラインよりも下にはみ出す部分を表示させる領域をディセンダという

vertical-align プロパティ

CSSには、このようなインライン要素の縦方向の表示位置を調整するためのプロパティも用意されています。それが、**vertical-alignプロパティ**です。次の値が指定できます。

vertical-align に指定できる値

- **baseline**
  ベースラインを親要素の行のベースラインに揃えます。画像のようにベースラインがない要素の場合は、その下をベースラインに揃えます。

- **top**
  上を揃えます。

- **middle**
  中央を揃えます。

- **bottom**
  下を揃えます。

- **super**
  上付き文字の表示位置に表示します。

- **sub**
  下付き文字の表示位置に表示します。

- **単位つきの実数**
  親要素のベースラインからの距離を単位つきの実数で指定します。正の値は上方向、負の値は下方向への距離となります。

- **パーセンテージ**
  親要素のベースラインからの距離を、行の高さに対するパーセンテージで指定します。正の値は上方向、負の値は下方向への距離となります。

このプロパティの初期値は「baseline」であるため、特に何も指定しなければ画像は先程のサンプルのように表示されます。先程の画像に「vertical-align: bottom;」を指定すると、画像の下の隙間を消すことができます。

```
01   h1 { background: #fc0; }
02   img { vertical-align: bottom; }  ◄───────  この指定を追加
```

画像の下の隙間を消すには、このような指定を追加すればよい

上のサンプルの表示

動画と音声

video 要素と audio 要素

次に、動画を組み込む **video 要素** と音声を組み込む **audio 要素** について説明します（source 要素についてはこのあとに解説します）。両者には共通する属性も多く、動画や音声のデータは src 属性で指定します。img 要素とは異なり、video 要素と audio 要素には要素内容を入れることができます。

要素内容は、これらの要素に対応したブラウザでは表示されず、未対応の環境でのみ表示される仕様となっています。したがって、要素内容を用意するのであれば「未対応の環境を利用しているユーザー向けのメッセージ」や「動画・音声ファイルへのリンク」などを入れてください。

要素名	意味
video	動画を組み込む
audio	音声を組み込む
source	動画や音声の「ほかの形式のデータ」も指定する場合に使用する

動画と音声を組み込むための要素

video要素とaudio要素に指定できる属性の中には、「属性名="属性値"」の形式をとらず、「属性名」だけで指定できるものがあります。そのような属性のことを**論理属性**と言います。論理属性の値は論理値「true」または「false」のいずれかで、属性を指定すると「true」になり、指定しなければ「false」となります。

ちょっと難しい話になってきましたが、分かりやすく言えば「true」と「false」は「Yes」と「No」のようなもので、controls属性を指定すればコントローラーが表示され、loop属性を指定すればループ再生されるようになります。それらを指定しなければ、コントローラーは表示されず、ループ再生もされない状態となります。

論理属性は「controls」のように属性名だけで指定する形式のほかに、「controls="controls"」のように属性値に属性名をそのまま入れても有効ですし、「controls=""」のように値を空にして指定することもできます。

video要素に指定できる属性

- **src="動画のURL"**
  表示させる動画のURLを指定します。

- **width="幅"**
  動画の幅（実際の幅ではなく表示させる幅）をピクセル数（単位をつけない整数）で指定します。

- **height="高さ"**
  動画の高さ（実際の高さではなく表示させる高さ）をピクセル数（単位をつけない整数）で指定します。

- **poster="画像のURL"**
  動画が再生できるようになるまでの間に表示させておく画像のURLを指定します。

- **controls**
  動画の再生・ポーズ・ボリューム調整などをおこなうコントローラー部分を表示します。

- **autoplay**
  途中で止まらずに再生を続けられる程度のデータを読み込んだ段階で、自動的に再生を開始します。

- **loop**
  動画をループ再生します。

- **muted**
  音を消した状態で再生します。

audio要素に指定できる属性

- **src="音声データのURL"**
  音声データのURLを指定します。
- **controls**
  音声データの再生・ポーズ・ボリューム調整などをおこなうコントローラー部分を表示します。
- **autoplay**
  途中で止まらずに再生を続けられる程度のデータを読み込んだ段階で、自動的に再生を開始します。
- **loop**
  音声データをループ再生します。
- **muted**
  音を消した状態で再生します。

sample/0723/index.html

```
01    <video src="butterfly.mp4" controls width="640" height="360"></video>
```

video要素の使用例

video要素の表示例

source要素

video要素またはaudio要素のsrc属性を使用してデータを指定する場合は、1つのデータしか指定できません。予備としてほかの形式のデータも指定しておきたい場合には、video要素またはaudio要素のsrc属性を使用せずに、要素内容として**source要素**を組み込んでデータを指定します。source要素はいくつでも指定でき、より先に指定されているデータで再生可能なものが再生されます。source要素は要素内容のない空要素で、video要素またはaudio要素内のその他のコンテンツよりも前に配置する必要があります。

source要素に指定できる属性

- **src="データのURL"　※必須**
  再生するデータのURLを指定します。
- **type="MIMEタイプ"**
  再生するデータのMIMEタイプを指定します。

sample/0724/index.html

```
01  <video controls>
02    <source src="bear.mp4" type="video/mp4">
03    <source src="bear.ogv" type="video/ogg">
04  <p><a href="bear.mp4">シロクマの動画</a></p>
05  </video>
```

source要素の使用例

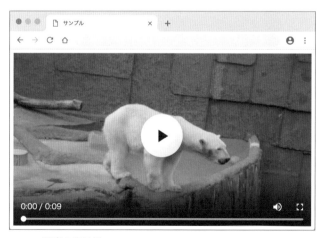

source要素の表示例

ボックス関連プロパティ

ここから話はCSSへと切り替わって、多くのプロパティが登場します。とはいえ、CSSのプロパティの名前や指定方法には共通するパターンがあり、それさえ分かってしまえば覚えるのも難しくありません。ここで解説するプロパティはどれも表示指定の基礎となる重要なものばかりですので、しっかりと覚えてください。

ボックスとは？

ここまでの解説やサンプルでは、たとえば背景の指定をする場合でも、それが表示される領域の範囲や境界については具体的に触れませんでした。ここではまず、各要素に確保される表示領域とその境界線、余白について説明し、そのあとでそれらを調整するために大量に用意されたプロパティ[1]を紹介していきます。

ボックスの構造

HTMLのそれぞれの要素には、**ボックス**と呼ばれる四角い表示領域が用意されます（改行をおこなうためのbr要素のような一部の例外を除く）。すべてのボックスは共通して、図のような構造になっています。

マージン（境界線の外側の余白）
ボーダー（ボックスの境界線）
パディング（境界線の内側の余白）
要素内容を表示する領域

ボックスの構造

※1　ここで紹介するボックス関連のプロパティは、全部で50近くあります。とはいっても、たとえば余白でも上用・下用・左用・右用・上下左右の一括指定用というように同じ機能で細かく分れているために数が多くなっているだけですので安心してください。

まず、ボックスには要素内容（テキストなど）を表示するための領域が用意されます。図ではもっとも内側の点線で示された部分です。そして、そのまわりには**ボーダー**と呼ばれる境界線を表示させることができるのですが、その内側と外側の両方に余白をとることができます。ボーダーの内側の余白は**パディング**と言い、外側の余白は**マージン**と言います。これらの境界線と余白は、上下左右別々にその幅を指定することができます。実は、CSSで指定した背景が表示されるのは、このボーダーの領域までで、マージン部分は常に透明となります。ボーダーは常に背景の上に表示されるため、ボーダーの領域に背景が表示されるのはボーダーを透明や半透明にしたときや、点線のように線の間に隙間がある線種に設定した場合などに限られます。

ボックスの初期状態

なお、各種要素のボックスの初期状態は、要素の種類やブラウザの種類によって異なります。たとえば、一般的なブラウザでは、p要素には最初から一行ぶん程度の上下のマージンが設定されていますが、div要素のマージンはまったく無い状態となっています。このように要素やブラウザの種類によってボックスの初期状態が違っているのは、第6章で説明した「ブラウザのデフォルトCSS」（p.109参照）というものがあるからです[2]。

マージン

マージンを設定するプロパティには、上下左右をそれぞれ個別に設定するものと、上下左右を一括して設定するものがあります。
このあとに紹介するパディング用のプロパティなども、同様のパターンのものが用意されています。

プロパティ名	設定対象	指定できる値の数
margin-top	上のマージン	1
margin-bottom	下のマージン	1
margin-left	左のマージン	1
margin-right	右のマージン	1
margin	上下左右のマージン	1〜4

マージンを設定するプロパティ

各プロパティに指定できる値は次の通りです。たとえば、「margin-top: 50px;」と指定すると上のマージンが50ピクセルになります。マージンを「auto」にすると、ボックスの他の領域のサイズなどからマージンが自動的に割り出されます。ボックスの幅を固定して左右のマージンを「auto」にすると、左右のマージンは同じ距離になり、結果としてボックスはセンタリングされます。

※2　このようなブラウザの種類による初期状態の違いをなくす目的で用意されたCSSのことを「リセットCSS」と呼び、多くのサイトで導入されています。

マージン関連のプロパティに指定できる値

- **単位つきの実数**
  マージンを単位つきの実数（30pxなど）で指定します。
- **パーセンテージ**
  この要素を含んでいるブロックレベル要素の幅（要素内容を表示する領域の幅）に対するパーセンテージで指定します（25%のように、実数の直後に半角の「%」をつけて指定します）。上下のマージンについても、幅に対するパーセンテージとなります。
- **auto**
  マージンをボックスの状況から自動的に設定します。

margin プロパティの指定方法

上下左右のマージンを一括して指定する**margin プロパティ**だけは、値を半角スペースで区切ることで最大4つまで指定できます。指定した値の数とそれらの値がどのマージンに適用されるのかは、以下の表のようになっています。

値を1つだけ指定した場合はそれが上下左右に適用され、値を4つ指定するとそれが上から時計回りに右・下・左と適用されます。このあとに登場するパディングなどの上下左右を一括で指定するプロパティも同じパターンになっていますので、値の数と適用される上下左右の関係はしっかりと覚えてください。

値の数	各値の適用場所	指定例
1	上下左右	margin: 10px;
2	上下　左右	margin: 10px 20px;
3	上　左右　下	margin: 10px 20px 30px;
4	上　右　下　左	margin: 10px 20px 30px 40px;

上下左右を一度に設定できるプロパティの値の指定パターン

マージンが隣接している場合の注意

また、マージンに関しては、特に覚えておいて欲しいルールがあります。それは、ボックスの上または下のマージンが他のボックスの上または下のマージンと接している場合、それらは重なり合うということです。

たとえば、上下のマージンが10ピクセルずつに設定されているp要素が2つ連続してある場合、2つのp要素のあいだのマージンは、20ピクセルではなく10ピクセルとなります（10ピクセル+10ピクセルではなく、10ピクセルと10ピクセルが重なり合って計10ピクセルとなります）。

10ピクセルと20ピクセルのマージンが重なり合った場合は、20ピクセルとなります。つまり、隣接するマージンは、その中で最大のものだけが有効になるということです。

このルールは、単純に隣り合う要素だけでなく、ある要素とその中に含まれる要素であっても、マージンが隣接している場合には適用されます（下図のボックスCとボックスD参照）。ただし、このようになるのは上下のマージンだけで、左右のマージンに関しては重なり合うことはありません。

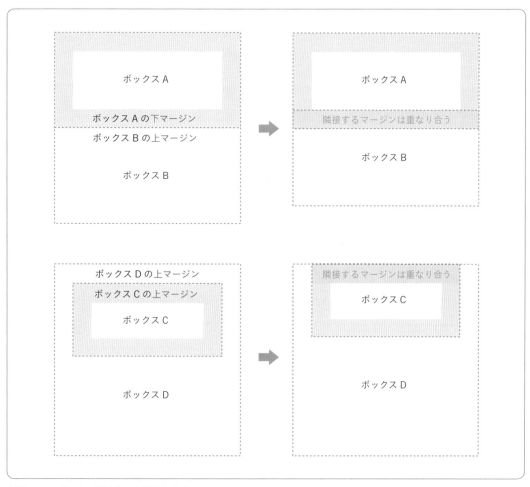

上下のマージンは、隣接すると重なり合う

パディング

パディングもマージンと同様に上下左右をそれぞれ個別に設定するプロパティと、上下左右を一括して設定するプロパティが用意されています。

プロパティ名	設定対象	指定できる値の数
padding-top	上のパディング	1
padding-bottom	下のパディング	1
padding-left	左のパディング	1
padding-right	右のパディング	1
padding	上下左右のパディング	1〜4

パディングを設定するプロパティ

指定できる値もマージンと同様ですが、パディングの場合は「auto」は指定できません。

パディング関連のプロパティに指定できる値

- **単位つきの実数**
  パディングを単位つきの実数（30pxなど）で指定します。
- **パーセンテージ**
  この要素を含んでいるブロックレベル要素の幅に対するパーセンテージで指定します。上下のパディングについても、幅に対するパーセンテージとなります。

上下左右のパディングを一括して指定するpaddingプロパティも、marginプロパティと同様のパターンで値を4つまで指定できます。パディングに関しては、マージンのように隣り合うものが重なり合うことはありません。

ボーダー

ボーダーを設定するプロパティは、基本的なもの（CSS2.1で定義されているもの）だけで20種類あります。まずは、どんなプロパティが用意されているのかをざっと見てください。

プロパティ名	設定対象	指定できる値の数
border-top-style	上のボーダーの線種	1
border-bottom-style	下のボーダーの線種	1
border-left-style	左のボーダーの線種	1
border-right-style	右のボーダーの線種	1
border-style	上下左右のボーダーの線種	1〜4
border-top-width	上のボーダーの太さ	1
border-bottom-width	下のボーダーの太さ	1
border-left-width	左のボーダーの太さ	1
border-right-width	右のボーダーの太さ	1
border-width	上下左右のボーダーの太さ	1〜4
border-top-color	上のボーダーの色	1
border-bottom-color	下のボーダーの色	1
border-left-color	左のボーダーの色	1
border-right-color	右のボーダーの色	1
border-color	上下左右のボーダーの色	1〜4
border-top	上のボーダーの線種と太さと色	線種／太さ／色
border-bottom	下のボーダーの線種と太さと色	線種／太さ／色
border-left	左のボーダーの線種と太さと色	線種／太さ／色
border-right	右のボーダーの線種と太さと色	線種／太さ／色
border	上下左右のボーダーの線種と太さと色	線種／太さ／色

ボーダーを設定するプロパティ。「線種／太さ／色」は半角スペースで区切って順不同で必要な値のみ指定できるが、それらのセットをさらに1〜4個指定することはできない

ボーダーもマージンやパディングと同様に上下左右に個別に設定するものと一括で設定するものが用意されています。しかし、ボーダーの場合は上下左右それぞれに「線種」と「太さ」と「色」が指定できるため、プロパティの種類が多くなっています。マージンやパディングと同様に値を1〜4個指定して上下左右に適用できるタイプのほかに、上下左右を別々に指定できないけれども「線種」と「太さ」と「色」を一度に指定できるプロパティも用意されています（borderプロパティは、上下左右に対して同じ線種・太さ・色を設定します）。このタイプのプロパティは必要な値だけを半角スペースで区切って指定できますが、指定しなかった値は初期値にリセットされる点に注意してください。つまり線種・太さ・色のいずれかを省略した場合、その値は現状を維持するのではなく初期値に戻されることになります。

「線種」「太さ」「色」に対して指定できる値は次の通りです。

ボーダーの線種として指定できる値

- **none**
  ボーダーを表示しません。この値を指定するとボーダーの太さも0になります。表（table要素）のボーダーの線種が競合した場合は、ほかの値が優先されます。

- **hidden**
  ボーダーを表示しません。この値を指定するとボーダーの太さも0になります。表（table要素）のボーダーの線種が競合した場合は、この値が最優先されます。

- **solid**
  ボーダーの線種を実線にします。

- **double**
  ボーダーの線種を二重線にします。

- **dotted**
  ボーダーの線種を点線にします。

- **dashed**
  ボーダーの線種を破線にします。

- **groove**
  ボーダーの線自体が溝になっているようなボーダーにします。

- **ridge**
  ボーダーの線自体が盛り上がっているようなボーダーにします。

- **inset**
  ボーダーの内側の領域全体が低く見えるようなボーダーにします。

- **outset**
  ボーダーの内側の領域全体が高く見えるようなボーダーにします。

ボーダーの太さとして指定できる値

- **単位つきの実数**
  ボーダーの太さを単位つきの実数（5pxなど）で指定します。

- **thin, medium, thick**
  「細い」「中くらい」「太い」という意味のキーワードで指定できます（実際に表示される太さはブラウザによって異なります）。

ボーダーの色として指定できる値

- **色**
  色の書式に従って任意のボーダーの色を指定します。

- **transparent**
  ボーダーの色を透明にします。

ボーダーの線種の初期値に注意

ボーダーを指定するときに注意することは、ボーダーの線種の初期値が「none」になっている点です。線種が「none」であるということは、ボーダーが表示されないだけでなく太さも0になります。つまり、線種として「none」以外の値を指定するまでは、いくら太さや色を指定してもボーダーは表示されないのです。

ボーダーの表示例

以下は、ボーダーの指定例と表示例です。おなじ線種と色を指定していても、ブラウザの種類によって表示結果が微妙に異なるということも覚えておきましょう。

```
HTML sample/0730/index.html
01  <p id="sample1">none</p>
02  <p id="sample2">solid</p>
03  <p id="sample3">double</p>
04  <p id="sample4">dotted</p>
05  <p id="sample5">dashed</p>
06  <p id="sample6">groove</p>
07  <p id="sample7">ridge</p>
08  <p id="sample8">inset</p>
09  <p id="sample9">outset</p>

CSS sample/0730/styles.css
01  p {
02    margin: 20px;
03    border: solid 7px red;
04    padding: 10px;
05    text-align: center;
06    font-weight: bold;
07  }
08  #sample1 { border-style: none; }
09  #sample2 { border-style: solid; }
10  #sample3 { border-style: double; }
11  #sample4 { border-style: dotted; }
12  #sample5 { border-style: dashed; }
13  #sample6 { border-style: groove; }
14  #sample7 { border-style: ridge; }
15  #sample8 { border-style: inset; }
16  #sample9 { border-style: outset; }
```

ボーダー関連プロパティの使用例

前ページのソースコードのGoogle Chromeでの表示例

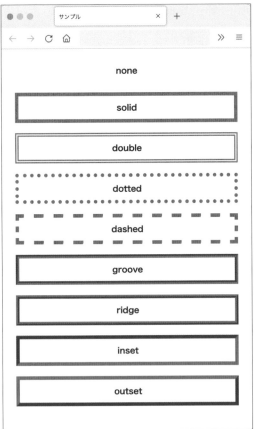

前ページのソースコードのFirefoxでの表示例。ほぼ同様の表示にはなるが、線種によっては異なる表示になる

幅と高さ

次は、ボックスの「要素内容を表示する領域」の幅と高さを設定するプロパティです。widthとheightは大きさを固定的に指定するときに使うプロパティで、それらの前に「min-」または「max-」がついたプロパティは、最小値また最大値を設定して幅や高さを制限する場合に使用します。それぞれ次のような値が指定できます。

プロパティ名	設定対象	指定できる値の数
width	幅	1
height	高さ	1
min-width	最小の幅	1
max-width	最大の幅	1
min-height	最小の高さ	1
max-height	最大の高さ	1

幅と高さを設定するプロパティ

width に指定できる値

- **単位つきの実数**
  幅を単位つきの実数で指定します。

- **パーセンテージ**
  この要素を含んでいるブロックレベル要素の幅（widthプロパティの値）に対するパーセンテージで指定します。

- **auto**
  幅をボックスの状況から自動設定します。

height に指定できる値

- **単位つきの実数**
  高さを単位つきの実数で指定します。

- **パーセンテージ**
  この要素を含んでいるブロックレベル要素の高さ（heightプロパティの値）に対するパーセンテージで指定します。この要素を含んでいるブロックレベル要素の高さが特に指定されていない場合は、高さは「auto」となります。

- **auto**
  高さをボックスの状況から自動設定します。

min-width に指定できる値

- **単位つきの実数**
  最小の幅を単位つきの実数で指定します。

- **パーセンテージ**
  この要素を含んでいるブロックレベル要素の幅（widthプロパティの値）に対するパーセンテージで指定します。

max-width に指定できる値

- **none**
  幅の制限をしません。
- **単位つきの実数**
  最大の幅を単位つきの実数で指定します。
- **パーセンテージ**
  この要素を含んでいるブロックレベル要素の幅（width プロパティの値）に対するパーセンテージで指定します。

min-height に指定できる値

- **単位つきの実数**
  最小の高さを単位つきの実数で指定します。
- **パーセンテージ**
  この要素を含んでいるブロックレベル要素の高さ（height プロパティの値）に対するパーセンテージで指定します。この要素を含んでいるブロックレベル要素の高さが特に指定されていない場合、値は「0」となります。

max-height に指定できる値

- **none**
  高さの制限をしません。
- **単位つきの実数**
  最大の高さを単位つきの実数で指定します。
- **パーセンテージ**
  この要素を含んでいるブロックレベル要素の高さ（height プロパティの値）に対するパーセンテージで指定します。この要素を含んでいるブロックレベル要素の高さが特に指定されていない場合、値は「none」となります。

パーセンテージで高さを指定する場合の注意

ここで紹介しているプロパティは、単純に大きさを設定もしくは制限するだけで、使用方法が特に難しいというものではありません。ただし、パーセンテージで高さを指定する際には注意が必要です。親要素に高さが指定されていない場合には、パーセンテージではなく「auto」を指定したことになってしまう仕様だからです。

たとえば、次の例では div 要素の高さとして「100%」を指定していますが、表示結果を見ると高さは 100% にはなっていません。

```
HTML  sample/0731/index.html

01    <div>div要素</div>


CSS  sample/0731/styles.css

01    html, body {
02      margin: 0;
03      padding: 0;
04    }
05    div {
06      height: 100%;
07      background-color: #ff66ff;
08    }
```

div要素の高さとして「100%」を指定している例　　　　左のソースコードのブラウザでの表示結果

これは、div要素を含んでいるbody要素の高さが指定されていないことが原因です。そのため、heightプロパティの値として「100%」を指定しているにもかかわらず、結果として値は「auto」となっているのです。しかし、body要素の高さを指定するだけでは、まだ足りません。body要素を含んでいるhtml要素の高さが指定されていないからです（html要素を含む要素はありませんのでこれ以上は考える必要はありません）。

結果として、以下のような指定を追加して、body要素とhtml要素の両方に「height: 100%;」の指定が適用されるようにすると、div要素の高さが100%になります。

```
HTML  sample/0732/index.html

01    <div>div要素</div>


CSS  sample/0732/styles.css

01    html, body {
02      margin: 0;
03      padding: 0;
04      height: 100%;  ←── この指定も追加
05    }
06    div {
07      height: 100%;
08      background-color: #ff66ff;
09    }
```

body要素とhtml要素にも「height: 100%;」を指定する　　左のソースコードのブラウザでの表示結果

幅と高さの適用範囲の変更

widthプロパティと**height**プロパティで指定した値は、そのままだとボックスの「要素内容を表示する領域」に対して適用されます。この適用範囲を「ボーダーの端までを含む範囲」に変更するには、**box-sizing**プロパティを使用します。

box-sizingプロパティの値には次のいずれかのキーワードが指定できます。
初期値の「content-box」は、widthとheightを「要素内容を表示する領域」に適用させるキーワードです。それに対して、「border-box」を指定すると、widthとheightはボックスの「ボーダーの端までを含む範囲」に対して適用されるようになります（つまり、ボーダーとパディングも含む領域の幅や高さを指定したことになります）。
なお、この値はwidthプロパティとheightプロパティだけでなく、min-width・max-width・min-height・max-heightの各プロパティの適用範囲も変更します。

box-sizingに指定できる値

- **content-box**
  widthやheightプロパティで指定された値は、ボックスの「要素内容を表示する領域」の幅や高さに対して適用されます。
- **border-box**
  widthやheightプロパティで指定された値は、ボックスの「ボーダーの端までを含む範囲」の幅や高さに対して適用されます。

width プロパティの適用範囲

box-sizingに指定するキーワードによって、widthプロパティで指定された幅の適用範囲が変化する

```
HTML  sample/0733/index.html
01   <div id="d1">content-box</div>
02   <div id="d2">border-box</div>

CSS  sample/0733/styles.css
01   div {
02     margin: 50px auto 0;
03     padding: 0;
04     border: 50px solid #ddd;
05     width: 300px;
06     height: 200px;
07     color: #fff;
08     background: url(grid.gif);
09     font-size: xx-large;
10     font-weight: bold;
11   }
12   #d1 { box-sizing: content-box; }
13   #d2 { box-sizing: border-box; }
```

box-sizingプロパティの使用例

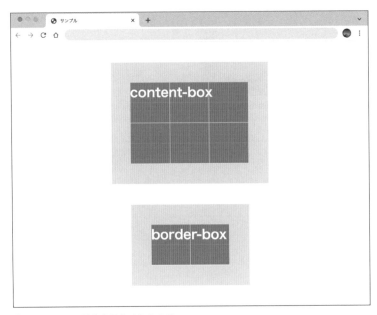

上のソースコードを表示させたところ

角を丸くする

ボックスの角を丸くするプロパティには次のものが用意されており、以下に示した値が指定できます。指定する値は、角を1/4の円にみたてたときの半径です。

プロパティ名	設定対象	指定できる値の数
border-top-left-radius	左上の角丸	1
border-top-right-radius	右上の角丸	1
border-bottom-right-radius	右下の角丸	1
border-bottom-left-radius	左下の角丸	1
border-radius	上下左右の角丸	1〜4

ボックスの角を丸くするプロパティ

角丸を設定するプロパティに指定できる値

- **単位つきの実数**
  角の半径を単位つきの実数で指定します。
- **パーセンテージ**
  角の半径をボーダー領域までの大きさに対するパーセンテージで指定します。

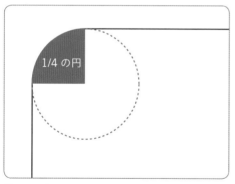

値には、角を1/4の円とみたてたときの半径を指定する

4つの角を一括して指定できるborder-radiusプロパティには、次のように値を4つまで指定できます。値の数と適用される角の関係は次のようになっています。

値の数	各値の適用場所			指定例
1	4つの角すべて			`border-radius: 10px;`
2	左上と右下	右上と左下		`border-radius: 10px 20px;`
3	左上	右上と左下	右下	`border-radius: 10px 20px 30px;`
4	左上	右上	右下	左下	`border-radius: 10px 20px 30px 40px;`

border-radiusプロパティの値の指定パターン

HTML sample/0734/index.html

```
01   <p>角を丸くしています</p>
```

CSS sample/0734/styles.css

```
01   p {
02     padding: 3em;
03     color: white;
04     background-color: silver;
05     border-radius: 10px;
06   }
```

border-radiusプロパティの指定例

border-radiusを指定したボックスの表示例

背景を指定する（2）

第4章で背景関連のプロパティを一部紹介しましたが、背景に関連するプロパティはそれ以外にもまだまだたくさんあります。実は、背景に関する指定はボックスの各表示領域とも密接に関わりあっているため、ボックスに関する説明をしていない段階では正確な仕様を伝えることが難しいプロパティが多かったのです。というわけで、ここではボックスの構造をふまえた上で、背景関連の残りのプロパティを紹介していきます。

背景画像の表示位置を指定する

background-positionプロパティを使用すると、背景画像の表示位置を指定することができます。background-repeatプロパティの値が「no-repeat」の場合（背景画像を１つだけ表示させる場合）は背景画像がその位置に表示されますが、背景画像を繰り返して表示させる場合にはその位置を基点として縦または横に繰り返されることになります。
指定できる値は次の通りです。

background-position に指定できる値

- **単位つきの実数**
  表示位置を単位つきの実数で指定します。
- **パーセンテージ**
  表示位置をパーセンテージで指定します。
- **top, bottom, left, right, center**
  表示位置をキーワードで指定します。topは縦方向の「0%」、bottomは「100%」と同じです。同様に、leftは横方向の「0%」、rightは「100%」と同じです。centerは縦方向または横方向の「50%」と同じです。

表示位置は、横方向・縦方向の順に半角スペースで区切って２つ指定します（ただし、値をキーワードのみで指定するのであれば順番は逆でもかまいません）。値を１つしか指定しなかった場合は、もう一方に「center」が指定されたものとして処理されます。

表示位置の原点

表示位置の原点は、パディング領域の左上です。パディング領域の左上に背景画像の左上がぴったり重なった状態が「0px 0px」「0% 0%」「left top」です。逆に、パディング領域の右下に背景画像の右下がぴったり重なった状態は「100% 100%」「right bottom」となります。背景画像がパディング領域の中央にある状態は「50% 50%」「center center」です。

値を「単位つきの実数」で指定した場合、横方向はパディング領域の左から背景画像の左までの距離、縦方向はパディング領域の上から背景画像の上までの距離となります。値を「パーセンテージ」で指定した場合は、横方向・縦方向ともにパディング領域のその%のポイントと背景画像のその%のポイントを重ねた状態となる位置に表示されます。値を数値で指定する場合には、マイナスの値も指定できます。

背景画像の表示例

ではここで、背景画像をページ全体の中央に表示させる例を紹介しておきましょう。ソースコードは次の通りです。

```
HTML
01  ・・・
02  <body>
03
04  </body>
05  </html>
```

```
CSS
01  html, body {
02    margin: 0;
03  }
04  body {
05    background-image: url(images/cloud.jpg);
06    background-repeat: no-repeat;
07    background-position: center;
08  }
```

背景画像をページ全体の中央に表示させる例

背景画像として指定している
画像「cloud.jpg」

しかし、実際にこのソースコードをブラウザで表示させてみると、表示結果は次ページのようになります。

背景画像は横方向の中央には配置されているのですが、縦方向は中央どころかマイナスの数値を指定

したような状態となっています。なぜこのような表示結果となってしまったのでしょうか？
background-positionプロパティの値には「center」だけを指定していますので、もう一方も「center」になり、「center center」を指定した場合と同じ表示結果になるはずです。

前ページのソースコードの表示例

実は、この背景画像はまったく指定通りに表示されていると言えます。背景画像は指定通りに、body要素の縦横の中央にしっかりと表示されているのです。では、何がおかしいのでしょうか？

実はbody要素の内容が空なので、body要素の高さが0となっているのです。高さが0のボックスの中央に合わせて表示されているので、上のような表示結果となったわけです。

したがって、body要素の高さを「100%」にすればいいのですが、高さをパーセンテージで指定する場合には、それを含む要素にも高さを指定する必要があります。結果として、次の指定を追加することで、背景画像はページの中央に表示されるようになります。

```html
HTML  sample/0740/index.html

01   ・・・
02   <body>
03
04   </body>
05   </html>
```

```css
CSS  sample/0740/styles.css

01   html, body {
02     margin: 0;
03     height: 100%;  ←──── この指定を追加
04   }
05   body {
06     background-image: url(images/cloud.jpg);
07     background-repeat: no-repeat;
08     background-position: center;
09   }
```

先程のCSSのソースコードに、body要素とhtml要素の高さの指定も追加

背景画像がページの中央に表示されるようになった

背景画像をウィンドウに固定する

長いページをスクロールすると、通常はコンテンツと一緒に背景画像もスクロールします。**background-attachment**プロパティの値として「**fixed**」を指定すると、背景画像はウィンドウ上に固定され、スクロールしても動かなくなります。

background-attachmentに指定できる値

- **scroll**
  背景画像は他のコンテンツと一緒にスクロールします。
- **fixed**
  背景画像をウィンドウ上に固定して、スクロールしても動かないようにします。

なお、background-attachmentプロパティの値として「**fixed**」を指定すると、background-positionプロパティでの配置の指定対象となる領域が「パディング領域」ではなく「ウィンドウの表示領域（見えている領域）全体」となりますので注意してください。

背景画像を固定した例

以下は、背景画像を繰り返しなしで右下に配置して、background-attachmentプロパティの値を「fixed」にした例です。スクロールさせても背景画像の位置は変わりません。

HTML sample/0741/index.html

```
01  <p>
02  ウィンドウを小さくして、画面をスクロールしてみてください。
03  </p>
04  <p>
05  テキストは移動しますが、右下のシーサーは固定されたまま動きません。
06  </p>
07
08  ・・・以下、同じテキストの繰り返し・・・
```

CSS sample/0741/styles.css

```
01  body {
02    margin: 50px 200px 0 50px;
03    background-image: url(images/shiisa.png);
04    background-repeat: no-repeat;
05    background-position: right bottom;
06    background-attachment: fixed;
07  }
```

background-attachment プロパティの指定例

上のソースコードの表示例。スクロールさせても背景画像の位置は変わらない

> ✏️ **Column** 　　**数値が0のときは単位を省略できる**
>
> さて、すでにお気付きの方もいらっしゃるかもしれませんが、先程のサンプルの margin プロパティの
> 値の中に、単位のついていない値が混じっていました。
>
> ```
> 01   body {
> 02     margin: 50px 200px 0 50px;
> 03     ・・・
> 04   }
> ```
>
> 実は、値が「単位つきの実数」であっても、その値が0である場合には単位は省略できることになって
> いるのです。今後のサンプルでも、値が0の場合には基本的に単位を省略しますので、覚えておいてく
> ださい。

背景画像の表示サイズを変更する

background-size は背景画像の表示サイズを指定するプロパティです。次の値が指定できます。

background-size に指定できる値

- **単位つきの実数**
  背景画像の幅または高さを単位つきの実数で指定します。

- **パーセンテージ**
  背景画像の幅または高さをパディング領域に対するパーセンテージで指定します。

- **auto**
  幅と高さの両方が「auto」の場合は、元のサイズで表示します。幅または高さの一方にこの値を指定す
  ると、背景画像の縦横の比率を保ったままもう一方に合わせたサイズになります。

- **cover**
  縦横の比率を保ったまま、背景画像1つで表示領域全体を覆う最小サイズにします。

- **contain**
  縦横の比率を保ったまま、背景画像の全体が表示される最大サイズにします。

「cover」と「contain」は単独で指定しますが、それ以外の値については半角スペースで区切って
幅・高さの順に指定します。2つめの値を省略すると、高さに「auto」を指定した状態となります。

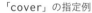
```
HTML  sample/0742/index.html
01   ・・・
02   <body>
03
04   </body>
05   </html>

CSS  sample/0742/styles.css
01   html, body { height: 100%; }
02   body {
03     margin: 0;
04     background-image: url(images/green.jpg);
05     background-position: center;
06     background-size: cover;
07   }
```

「cover」の指定例

表示させている背景画像「green.jpg」

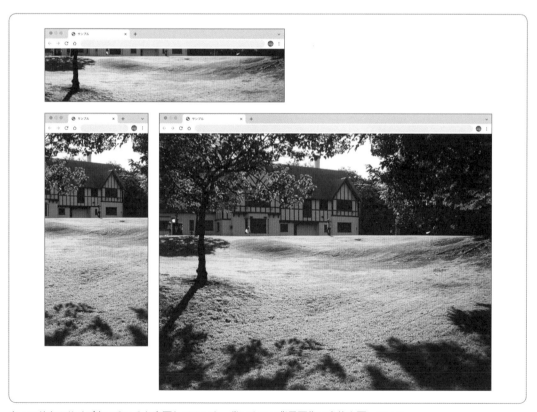

ウィンドウのサイズをいろいろと変更してみても、常に１つの背景画像で全体を覆っている

```
HTML  sample/0743/index.html
01   ・・・
02   <body>
03
04   </body>
05   </html>

CSS  sample/0743/styles.css
01   html, body { height: 100%; }
02   body {
03     margin: 0;
04     background-image: url(images/uni.jpg);
05     background-position: center;
06     background-repeat: no-repeat;
07     background-size: contain;
08   }
```

値「contain」の指定例

表示させている背景画像「uni.jpg」

ウィンドウのサイズをいろいろと変更してみても、常に背景画像の全体が表示されている

複数の背景画像を指定する

CSS2.1の仕様では1つのボックスに対して1つの背景画像しか指定できませんでしたが、CSS3からは1つのボックスにいくつでも背景画像が指定できるようになっています。**複数の背景画像**を指定する方法は簡単で、単純に値をカンマで区切って複数指定するだけです。より前に（左側）に指定している背景画像ほど上に重なって表示されます。

それに合わせて、各背景画像の表示位置や繰り返しなども別々に指定できるようにするために、背景関連のその他のプロパティも同様にカンマで区切って複数の値を指定できるようになっています（複数指定されていない場合は、指定されている値が繰り返し適用されます）。次のサンプルでは、body要素に3つの背景画像を指定しています。

```
HTML  sample/0744/index.html
01  ・・・
02  <body>
03
04  </body>
05  </html>
```

```
CSS  sample/0744/styles.css
01  html, body { height: 100%; }
02  body {
03    margin: 0;
04    background-image: url(images/wall.png), url(images/plane.png),
    url(images/sky.jpg);
05    background-position: bottom, 50% 10%, center;
06    background-repeat: no-repeat;
07    background-size: 100% auto, auto, cover;
08  }
```

複数の背景画像を指定する例。背景関連のプロパティには、カンマで区切れば複数の値が指定できる

表示させている背景画像「wall.png」

表示させている背景画像「plane.png」

表示させている背景画像「sky.jpg」

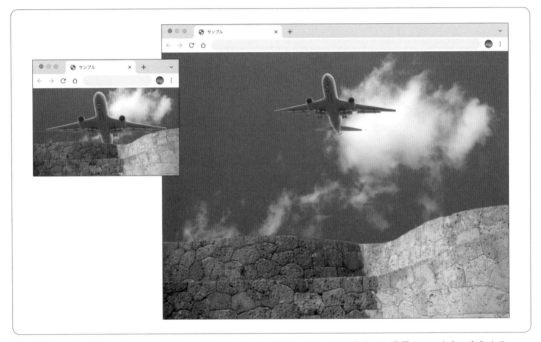

各背景画像の表示位置や表示サイズを変えてあるので、ウィンドウの大きさを変えると背景もこのように変化する

背景関連プロパティの一括指定

フォント関連のプロパティの値をまとめて指定できるfontプロパティのように、背景関連のプロパティの値をまとめて一度に指定できるプロパティがあります。それが**backgroundプロパティ**です（実は第2章で背景色を指定したのはこのプロパティでした）。本書で紹介した次のプロパティの値はすべて指定できます。

backgroundに指定できる値

- **background-colorの値**
  background-colorに指定できる値（p.053）が指定できます。
- **background-imageの値**
  background-imageに指定できる値（p.056）が指定できます。
- **background-repeatの値**
  background-repeatに指定できる値（p.058）が指定できます。
- **background-positionの値**
  background-positionに指定できる値（p.141）が指定できます。
- **background-attachmentの値**
  background-attachmentに指定できる値（p.144）が指定できます。
- **background-sizeの値**
  background-sizeに指定できる値（p.146）が指定できます。

基本的には、必要な値を順不同で半角スペースで区切って指定するだけでOKです。ただし、指定していない値については、現状を維持するのではなく初期値にリセットされますので注意してください。

`HTML` sample/0745/index.html

```
01   ・・・
02   <body>
03
04   </body>
05   </html>
```

`CSS` sample/0745/styles.css

```
01   html, body { height: 100%; }
02   body {
03     margin: 0;
04       background: white url(images/cloud.jpg) no-repeat center;
05   }
```

backgroundプロパティには背景関連のプロパティの値を順不同でまとめて指定できる

backgroundの値を指定する際の注意事項

background-positionとbackground-sizeにはどちらも「単位つきの実数」と「パーセンテージ」の値が指定できます。そのため、それらを区別できるようにするために、backgroundの値を指定する際には次のようなルールがあります。

まず、「単位つきの実数」または「パーセンテージ」が1つだけ指定されている場合はbackground-positionの値だと解釈されます。そして、background-sizeの値を指定する際は、はじめにbackground-positionの値を書き、その値のあとに半角のスラッシュ（/）で区切ってbackground-sizeの値を書きます。fontプロパティの行の高さの値を指定するときに、font-sizeの値とのあいだをスラッシュで区切った方法と同じです。

なお、backgroundプロパティも複数の背景画像に対応しています。他の背景関連のプロパティと同様に、カンマで区切って指定できます。ただし、background-colorの値だけは例外で、一番最後（一番右側）に1つだけしか指定できませんので注意してください。

```
HTML  sample/0746/index.html
01   ・・・
02   <body>
03
04   </body>
05   </html>

CSS  sample/0746/styles.css
01   html, body { height: 100%; }
02   body {
03     margin: 0;
04     background: url(images/wall.png) no-repeat bottom / 100% auto, url(images/
       plane.png) no-repeat 50% 10% / auto, url(images/sky.jpg) no-repeat center /
       cover #00bfff;
05   }
```

backgroundプロパティに複数の背景画像を指定した例

フレキシブルボックス
とグリッド

ブロックレベル要素はそのままだと縦に並びますが、CSSを
使用することで横に並べることも可能です。また、横に並べ
るだけでなく、ボックスを格子状に区切ってそのマス目に自
由に子要素を配置することもできます。この章では、そのよ
うなレイアウトを実現する「フレキシブルボックスレイアウ
ト」と「グリッドレイアウト」について説明します。

1

表示形式を変えるプロパティ

インライン要素とブロックレベル要素がどう表示されるかは、初期状態が決められているだけで自由自在に変更可能です。ここでは、ボックスの表示形式を変える際に幅広く利用可能なCSSのdisplayプロパティを紹介します。

表示形式を変更する

displayプロパティは、ボックスの表示形式を根本的に変更したいときに使用するプロパティです。このプロパティを使用すると、インライン要素をブロックレベル要素のように表示させたり、逆にブロックレベル要素をインライン要素のように表示させることなどができます。

指定できる主な値（表示形式）は、次の通りです。

displayに指定できる値
（基本的なもののみ抜粋。値「flex」と「grid」についてはこのあとで解説）

- **inline**
  インライン要素と同様の表示にします。
- **block**
  ブロックレベル要素と同様の表示にします。
- **inline-block**
  ボックス自体はインライン要素と同様に配置されますが、その内部はブロックレベル要素のように複数行を表示できるボックスにします（フォームのテキスト入力欄で複数行を入力できるタイプのものと同様の表示形式になります）。
- **none**
  ボックスを消します（ボックスが無い状態になります）。

displayプロパティの使用例

では、このプロパティを使用すると、具体的にどのように表示が変化するのかを見てみましょう。

次のサンプルのHTMLファイルでは、インライン要素であるspan要素とブロックレベル要素であるdiv要素のペアを4つ配置しています。それぞれには、sample1〜sample4というクラス名をつけています。

```
HTML  sample/0810/index.html
01    <span class="sample1">サンプル1<br>span要素</span>
02    <div class="sample1">サンプル1<br>div要素</div>
03
04    <span class="sample2">サンプル2<br>span要素</span>
05    <div class="sample2">サンプル2<br>div要素</div>
06
07    <span class="sample3">サンプル3<br>span要素</span>
08    <div class="sample3">サンプル3<br>div要素</div>
09
10    <span class="sample4">サンプル4<br>span要素</span>
11    <div class="sample4">サンプル4<br>div要素</div>
```

サンプルのHTMLソース。span要素とdiv要素のペアが4つある

まずはdisplayプロパティを指定していない状態の表示を確認しておきましょう。

span要素とdiv要素の要素内容にはbr要素を入れて意図的に改行させてありますので、このような表示になっています。

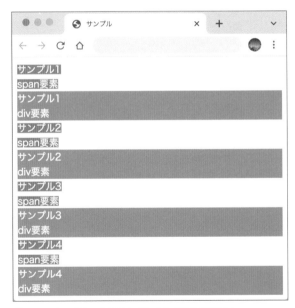

displayプロパティを指定していない状態での表示

これに対してdisplayプロパティを次のように指定すると、表示結果は次ページのように変わります。

まず、サンプル1のspan要素とdiv要素はともにインライン要素の表示になっています。

同様に、サンプル2は両方ともブロックレベル要素の表示になっています。

サンプル3は消えてなくなり、サンプル2の下にはサンプル4のボックスが表示されています。

サンプル4のように、インライン要素と同様に横に並ぶけれどもその内部がブロックレベル要素のようになっているのが「inline-block」です。

```css
CSS  sample/0810/styles.css
01   span, div { color: #fff; }
02   span { background: #f6d; }
03   div { background: #69e; }
04
05   .sample1 { display: inline; }
06   .sample2 { display: block; }
07   .sample3 { display: none; }
08   .sample4 { display: inline-block; }
```

それぞれにdisplayプロパティの異なる値を指定

CSS適用後の表示

フレキシブルボックスレイアウトの基本

ある要素をフレキシブルボックスにすると、その子要素のボックスを縦にでも横にでも、さらにはその逆順や自由な順序で、まさにフレキシブルに並べることができます。しかもその指定方法はとても簡単です。

ブロックレベル要素を横に並べる簡単な方法

CSSで段組レイアウト（マルチカラムレイアウト）を実現するにはいくつかの方法があります。ここではまず、**フレキシブルボックスレイアウト**という手法を使ってシンプルな3段組みを作成してみましょう。

子要素を横に並べる

フレキシブルボックスレイアウトで3段組みにする前の段階のソースコードは次のとおりです。この状態からmain要素とその直後にある2つのdiv要素を横に並べます。これら3つの要素には、それぞれ幅と文字色、背景色だけが指定されています。

```
HTML  sample/0820/index.html
01  <div id="page">
02    <header>ヘッダー</header>
03    <main>
04      メインの段のテキストです。
05      メインの段のテキストです。
06      メインの段のテキストです。
07      メインの段のテキストです。
08      メインの段のテキストです。
09      メインの段のテキストです。
10      メインの段のテキストです。
11    </main>
12    <div id="sub1">
13      サブ1の段のテキストです。
14    </div>
15    <div id="sub2">
16      サブ2の段のテキストです。
17    </div>
```

```
18    <footer>フッター</footer>
19  </div>
```

CSS sample/0820/styles.css

```
01  #page {
02    margin: 0 auto;
03    width: 400px;
04  }
05
06  main {
07    width: 200px;
08    color: #888;
09    background: #eee;   /* 薄いグレー */
10  }
11
12  #sub1 {
13    width: 100px;
14    color: #fff;
15    background: #390;   /* 緑 */
16  }
17
18  #sub2 {
19    width: 100px;
20    color: #fff;
21    background: #fc0;   /* 黄色 */
22  }
23
24  header, footer {
25    text-align: center;
26    color: #fff;
27    background: #bbb;
28  }
```

3段組みにする前のソースコード。この段階ではすべてのブロックレベル要素が縦に並んでいる

現段階でのサンプルの表示。main要素とその直後の2つの
div要素には、幅・文字色・背景色しか指定していない

フレキシブルボックスレイアウトで要素を
横に並べる場合、横に並べる要素だけを含
んだ状態の親要素が必要になります※。

前ページのサンプルでは、コンテンツ全体
を囲うdiv要素（id="page"）はあるので
すが、これにはheader要素とfooter要素も
入っているため、これとは別に「main要素
とその直後の2つのdiv要素」だけを含む
div要素（id="contents"）を追加します。

※実際には、他のプロパティを組み合わせて使用するこ
とで、この親要素がなくてもフレキシブルボックスレイ
アウトで要素を横に並べることができます。その方法に
ついては、このあとの「横に並べた要素を複数行にする
（p.162）」で説明します。

```html
HTML  sample/0821/index.html
01  <div id="page">
02    <header>ヘッダー</header>
03    <div id="contents">
04      <main>
05        メインの段のテキストです。
06        メインの段のテキストです。
07        メインの段のテキストです。
08        メインの段のテキストです。
09        メインの段のテキストです。
10        メインの段のテキストです。
11        メインの段のテキストです。
12      </main>
13      <div id="sub1">
14        サブ1の段のテキストです。
15      </div>
16      <div id="sub2">
17        サブ2の段のテキストです。
18      </div>
19    </div>
20    <footer>フッター</footer>
21  </div>
```

このdiv要素を追加

横に並べたい要素だけを囲うdiv要素を追加。これに伴って、その内部の要素のインデントも調整してある

では、今追加したdiv要素（id="contents"）に、次のCSSを指定します。インライン要素をブ
ロックレベル要素のように表示させたり、その逆にしたりするときに使用したdisplayプロパティの値
に「flex」と指定するだけです。

```
01   #page {
02     margin: 0 auto;
03     width: 400px;
04   }
05
06   #contents {                          ┐
07     display: flex;                     ├── 追加
08   }                                    ┘
09
10   main {
11     width: 200px;
12     color: #888;
13     background: #eee;   /* 薄いグレー */
14   }
15
16   #sub1 {
17     width: 100px;
18     color: #fff;
19     background: #390;   /* 緑 */
20   }
21
22   #sub2 {
23     width: 100px;
24     color: #fff;
25     background: #fc0;   /* 黄色 */
26   }
27
28   header, footer {
29     text-align: center;
30     color: #fff;
31     background: #bbb;
32   }
```

横に並べたい要素を囲ったdiv要素に「display: flex;」を指定

実はもうこれだけでフレキシブルボックスレイアウトになっています。このサンプルをブラウザで表示させると右のようになります。要素が横に並んだだけでなく、それらの要素の高さが揃っている点にも注目してください。フレキシブルボックスレイアウトでは、特に何もしなくてもこのように最初から高さが揃う仕様となっています。

「display: flex;」を指定しただけでその内部の要素が横に並んだ

子要素の順番を変える

前ページのサンプルでは3段組みにはなったものの、その表示順はソースコードに書き込まれている順番で左から並べられた状態となっています。フレキシブルボックスレイアウトでは、この順番を入れ替えるのも簡単です。

実はフレキシブルボックスレイアウトでは、そのものズバリの「**order（順番）**」という名前のプロパティが用意されており、そこに整数で順番を指定するだけで順序が入れ替えられるようになっています。初期値は「0」で、それよりも前に移動させられるようにマイナスの値も指定できます。

orderプロパティの値は「何番目に配置するか」をあらわしているのではなく、「相対的な位置関係」をあらわします。簡単に言えば値の小さいものほど左側に表示されるということです。値の数字が同じであれば、ソースコードでの出現順に左から並びます。

それでは、次のように順番を指定してみましょう。#sub1を1番目、main要素を2番目、#sub2を3番目にします。

```
CSS   sample/0822/styles.css
01   main {
02     order: 2;
03     width: 200px;
04     color: #888;
05     background: #eee;   /* 薄いグレー */
06   }
07
08   #sub1 {
09     order: 1;
10     width: 100px;
11     color: #fff;
12     background: #390;   /* 緑 */
13   }
14
15   #sub2 {
16     order: 3;
17     width: 100px;
18     color: #fff;
19     background: #fc0;   /* 黄色 */
20   }
```

順番を指定するorderプロパティでそれぞれの順序を指定

ブラウザで表示させると、次のようにmain要素が真ん中に移動しています。orderプロパティを使えば、たとえば#sub1と#sub2を入れ替えるのも簡単です。

main要素が真ん中になった

#sub1と#sub2を入れ替えた状態。orderプロパティの数字を変えるだけで簡単に順番が変更できる

横に並べた要素を複数行にする

とても簡単で自由度の高いフレキシブルボックスレイアウトですが、これを行うためにわざわざdiv要素を追加する必要があった点が残念だったと感じた方もいたことでしょう。しかし実際には、あのdiv要素は追加しなくてもフレキシブルボックスレイアウトによる3段組みは実現できます。

フレキシブルボックスレイアウトは複数行にできる

最初のサンプルのHTMLに手を入れることなくフレキシブルボックスレイアウトによる3段組みを実現させるには、flex-wrapというプロパティを使用します。長いテキストが領域内の右端で折り返されるのと同じように、横に並んだ状態のボックスを領域内の右端で折り返させて、複数行で表示させるプロパティです。

flex-wrapプロパティの値にキーワード「wrap」を指定すると、横に並んだボックスは領域内の右端で折り返されるようになります。初期値は「nowrap」で、折り返さずに一行で表示される状態となっています。

そのほかに「wrap-reverse」という値も指定でき、それを指定するとボックスは右から左方向へと逆順に並び、左端で折り返されるようになります。

余分なdiv要素を追加せずに3段組みを実現させるための最終的なソースコードは次のようになります。flex-wrapプロパティ以外にも、赤で示した指定が必要となります。

HTML sample/0823/index.html

```
01  <div id="page">
02    <header>ヘッダー</header>
03    <main>
04      メインの段のテキストです。
05      メインの段のテキストです。
06      メインの段のテキストです。
07      メインの段のテキストです。
08      メインの段のテキストです。
09      メインの段のテキストです。
10      メインの段のテキストです。
11    </main>
12    <div id="sub1">
13      サブ1の段のテキストです。
14    </div>
15    <div id="sub2">
16      サブ2の段のテキストです。
17    </div>
18    <footer>フッター</footer>
19  </div>
```

CSS sample/0823/styles.css

```
01  #page {
02    margin: 0 auto;
03    width: 400px;
04    display: flex;
05    flex-wrap: wrap;
06  }
07
08  header, footer {
09    text-align: center;
10    color: #fff;
11    background: #bbb;
12    width: 400px;
13  }
14
15  main {
16    order: 2;
17    width: 200px;
18    color: #888;
19    background: #eee;   /* 薄いグレー */
20  }
21
```

```
22  #sub1 {
23    order: 1;
24    width: 100px;
25    color: #fff;
26    background: #390;   /* 緑 */
27  }
28
29  #sub2 {
30    order: 3;
31    width: 100px;
32    color: #fff;
33    background: #fc0;   /* 黄色 */
34  }
35
36  footer {
37    order: 4;
38  }
```

HTML側にdiv要素を追加せずに、CSSだけでフレキシブルボックスレイアウトによる3段組みを実現させるには、
「`display: flex;`」のほかに赤で示した指定を追加する必要がある

flex-wrapプロパティ以外の赤で示した指定
がなぜ必要になるのかを理解するために、
上の赤で示した指定が未入力の状態からレ
イアウトがどのように変化していくのかを、
順を追って見てみましょう。

まずは上の赤で示した指定がすべて未入力
の状態のスクリーンショットです。#page
に「`display: flex;`」を指定しているの
で、ヘッダーからフッターまでがすべて横に
並んでいる状態となっています。

赤で示した指定がすべて未入力の状態での表示

それでは#pageに「`flex-wrap: wrap;`」
を指定してみましょう。
widthプロパティで指定している幅よりも狭
くなって無理やり1行に詰め込まれていた
ボックスが広がり、右側で折り返された状態
になりました。

右側で折り返された

ヘッダーとフッターにはまだ幅を指定していないので、ここでそれらに対して「width: 400px;」を追加します。するとヘッダーとフッターは幅いっぱいに表示されるようになり、main要素と#sub1、#sub2が横に並びました。

ヘッダーとフッターに「width: 400px;」を指定して幅いっぱいに表示させる

3段組み部分の順番を変更するためにorderプロパティを指定します。#sub1を「1」、main要素を「2」、#sub2を「3」にします。

orderプロパティで3段組み部分の順番を変更する

フッターが3段組み部分の上に移動してしまいました。orderプロパティの初期値は「0」なので、「1」「2」「3」よりも前に表示されてしまったのです。フッターの順番を「4」以降にすることで、フッターが最後に表示されるようになります。

フッターに「order: 4;」を指定すると、フッターの位置が元に戻る

余分なdiv要素を追加しない「フレキシブルボックスレイアウトによる3段組み」はこのようにして実現できます。

第8章
3

フレキシブルボックスレイアウト
関連のその他のプロパティ

ここまでは、幅が固定されているタイプのレイアウトのサンプルで説明してきました。しかし、現在のWebページの多くは幅が可変で、それに合わせてレイアウトも変化します。ここでは、そのようなページを作る際に役立つフレキシブルボックスレイアウト関連のプロパティを紹介します。

横並びと縦並びを切り替えるプロパティ

flex-direction プロパティ

「`display: flex;`」を指定すると、その要素の子要素は左から右へと横に並びます。しかし、これはあくまで初期状態でそうなる仕様となっているだけで変更することも可能です。フレキシブルボックスレイアウトでの、ボックスの並ぶ方向を変更するには **flex-direction プロパティ**を使用します。値には次のキーワードが指定できます。

flex-direction に指定できる値

- **row**
  左から右への横並びにする（初期値）
- **column**
  上から下への縦並びにする
- **row-reverse**
  右から左への横並びにする
- **column-reverse**
  下から上への縦並びにする

具体的にどのような表示になるのかサンプルで見てみましょう。ソースコードは次の通りです。

```
HTML  sample/0830/index.html
01  <div>
02    <section id="s1">1</section>
03    <section id="s2">2</section>
04    <section id="s3">3</section>
05  </div>
```

```
CSS  sample/0830/styles.css
01  body { margin: 0; }
02  div {
03    display: flex;
04    flex-direction: row;
05  }
06  section {
07    padding: 1em;
08    color: #fff;
09    text-align: center;
10    font-size: 50px;
11  }
12  #s1 { background: #e6d; }
13  #s2 { background: #ddd; }
14  #s3 { background: #69e; }
```

flex-directionプロパティを使用したサンプル。値のキーワードを変更するとボックスの並ぶ方向が変化する

このサンプルのflex-directionプロパティの値を変更すると、子要素の並び方は次のように変化します。

flex-directionプロパティの値が「row」
のときの表示

flex-directionプロパティの値を
「column」にしたときの表示

第
8
章

flex-directionプロパティの値を
「row-reverse」にしたときの表示

flex-directionプロパティの値を
「column-reverse」にしたときの表示

rowは横並びでcolumnは縦並びとは限らない！？

本書では話を簡単にして理解しやすくする目的で、「rowは横並び」「columnは縦並び」のように説明していますが、flex-directionプロパティに関しては実際にはそうならない場合もあります。実は、writing-modeプロパティで縦書きにしている状態においては、「rowが縦並び」「columnが横並び」となる仕様になっているからです。さらに、横書きの場合においても、文字表記の方向が「左から右」なのか「右から左」なのかによって、要素を並べる際の順番が逆になります。

「flex-direction: row;」の機能を正確に言いあらわすと、「左から右への横並びにする」のではなく「インライン要素のテキストの進行方向に並べる」ということになります。ただし、日本語環境において一般的なWebページを制作している状況においては、インライン要素は左から右へと進む状態になっていることがほとんどだと思われますので、本書ではわかりやすさを優先して「rowは左から右への横並び」「columnは上から下への縦並び」のように説明しています。この説明は縦書きの場合には当てはまらないのだということは、しっかりと覚えておいてください。

並べた子要素の幅をフレキシブルに変化させる

ひとつ前のサンプルでは、子要素を横に並べたときに横に空きスペースができていました。フレキシブルボックスレイアウトでは、このように横に並べた子要素全体の幅の合計が親要素の幅に満たない場合に、子要素の幅をそのままにしておくのか空きスペースを埋めるように広げるのかを子要素ごとに設定できます。またその際、逆に親要素の幅が狭くて子要素が入りきらない場合に、子要素の幅を縮めるのか縮めないのかも設定できます。

flexプロパティ

flexプロパティを使用すると、親要素の幅に対して子要素の幅をどう変化させるかを子要素ごとに指定できます。flexプロパティに指定可能な主な値は次のとおりです。

flexに指定できる値

- **auto**
  親要素の内部に空きができないように、子要素の幅を拡張させます。逆に子要素が親要素の幅に入りきらない場合は、子要素の幅を縮小します。
- **none**
  子要素の幅は固定され、拡張も縮小もされなくなります。
- **実数**
  子要素の幅は、親要素の幅全体のこの実数の比率分の幅になります。たとえば親要素の幅が300pxで、各子要素に「flex: 1;」「flex: 2;」「flex: 3;」と指定した場合、子要素の幅は「50px」「100px」「150px」となります（親要素の幅が1:2:3の比率で子要素に配分されます）。

ではflexプロパティによって子要素の幅がどのように変化するのかを実際のサンプルで見てみましょう。使用するのは1つ前のサンプルに似ていますが、親要素の範囲がはっきりわかるように親要素に幅5pxの黒いボーダーを表示させ、背景色も黒にしています。また、子要素の幅は150pxにしてあります。まずはflexプロパティを指定していないとどうなるのか（flexプロパティの初期値だとどうなるのか）から確認してみましょう。

HTML sample/0831/index1.html

```
01  <div>
02    <section id="s1">1</section>
03    <section id="s2">2</section>
04    <section id="s3">3</section>
05  </div>
```

CSS sample/0831/index1.html

```
01  body { margin: 0; }
02  div {
03    display: flex;
04    flex-direction: row;
05    border: 5px solid black;
06    background-color: black;
07  }
08  section {
09    padding: 1em;
10    color: #fff;
```

```
11      text-align: center;
12      font-size: 50px;
13      width: 150px;
14    }
15    #s1 {
16      background: #e6d;
17    }
18    #s2 {
19      background: #ddd;
20    }
21    #s3 {
22      background: #69e;
23    }
```

flex要素によって子要素の幅がどう変化するのかを確認するサンプル（初期値での動作確認用）

上のサンプル（index1.html）を表示させてウィンドウの幅を狭い状態から広い状態まで変化させたところ

親要素の幅が子要素の幅の合計よりも狭くなると、子要素の幅が指定した値（150px）よりも狭くなっていることが確認できます。逆に親要素の幅が子要素の幅の合計よりも広くなっても、子要素の幅は拡張されずに指定された値を維持しています。flexプロパティを指定していない場合は、このように縮小はされても拡張はされない状態となります。

次に２番目の子要素にだけ「flex: auto;」を指定したサンプルを表示させてみましょう。

```
CSS sample/0831/index2.html
01   ・・・
02   #s1 {
03       background: #e6d;
04   }
05   #s2 {
06       flex: auto;
07       background: #ddd;
08   }
09   #s3 {
10       background: #69e;
11   }
```

2番目の子要素にだけ「flex: auto;」を指定してあるサンプル

上のサンプル（index2.html）を表示させてウィンドウの幅を狭い状態から広い状態まで変化させたところ

「flex: auto;」が指定された２番目の要素の幅が親要素の幅に合わせて広くなり、親要素の空きスペースは表示されなくなりました。flexプロパティを指定していない１番目と３番目の要素の幅は、縮小はされても拡張はされない状態のままです。

次に、すべての子要素に「flex: auto;」を指定したサンプルを表示させてみましょう。

```
CSS  sample/0831/index3.html
01   ・・・
02   #s1 {
03     flex: auto;
04     background: #e6d;
05   }
06   #s2 {
07     flex: auto;
08     background: #ddd;
09   }
10   #s3 {
11     flex: auto;
12     background: #69e;
13   }
```

すべての子要素に「flex: auto;」を指定してあるサンプル

上のサンプル（index3.html）を表示させてウィンドウの幅を狭い状態から広い状態まで変化させたところ

子要素が3つとも親要素の幅に合わせて均等に変化するようになりました。必要に応じて縮小も拡張もされます。

次は、値「none」を指定したサンプルを見てみましょう。1番目と3番目の子要素にのみ「flex: none;」を指定し、2番目には「flex: auto;」が指定されています。

```
CSS  sample/0831/index4.html
01  ・・・
02  #s1 {
03    flex: none;
04    background: #e6d;
05  }
06  #s2 {
07    flex: auto;
08    background: #ddd;
09  }
10  #s3 {
11    flex: none;
12    background: #69e;
13  }
```

1番目と3番目が「flex: none;」、2番目は「flex: auto;」を指定してあるサンプル

上のサンプル（index4.html）を表示させてウィンドウの幅を狭い状態から広い状態まで変化させたところ

「flex: none;」を指定した要素は幅が固定となり、縮小も拡張も一切されない状態となることがわかります。結果として、親要素の幅を狭くしすぎると3番目の子要素の大部分が見えない状態となってしまいました。

次は、値に数値を指定したサンプルを見てみましょう。1番目と3番目の子要素に「flex: 1;」を指定し、2番目には「flex: 2;」が指定されています。

```
CSS   sample/0831/index5.html
01    ・・・
02    #s1 {
03      flex: 1;
04      background: #e6d;
05    }
06    #s2 {
07      flex: 2;
08      background: #ddd;
09    }
10    #s3 {
11      flex: 1;
12      background: #69e;
13    }
```

1番目と3番目が「flex: 1;」、2番目は「flex: 2;」を指定してあるサンプル

上のサンプル（index5.html）を表示させてウィンドウの幅を狭い状態から広い状態まで変化させたところ

親要素の幅が十分に広い状態のときには、指定通りに子要素の幅が「1：2：1」になっています。幅に余裕がなくなると、徐々にその比率ではなくなってきます。

┌───┐
│ ✏ **Column**   flexプロパティの正体   │

本書ではflexプロパティに指定できる主な値として「auto」「none」「実数」の3つを紹介しましたが、実際にはこのプロパティには値が一度に3つまで指定できます。なぜならflexプロパティは、flex-grow・flex-shrink・flex-basisという3つのプロパティの値をまとめて一括指定するためのプロパティだからです。これらはそれぞれ、子要素の拡張・子要素の縮小・幅を増減させる際の基準とする幅を設定するプロパティで、flexプロパティにはそれぞれのプロパティに指定可能な値を順に半角スペースで区切って指定できる仕様になっています。

これらのプロパティの仕様は少々難解で、値を見ただけで指定内容がピンとくるようなものではない上に、それらをわざわざ個別に指定するようなケースはそれほど多くはありません。そのため、やろうと思えば個別の値を指定して細かく制御することも可能ではありますが、通常の制作においてはflexプロパティに値を1つだけ指定すれば事足りる仕様となっているようです。
└───┘

フレキシブルボックスレイアウトの総合的な使用例

フレキシブルボックスレイアウト関連の主要なプロパティの使い方はひととおり覚えましたので、最後にそれらを総合的に使った、より実際のWebページに近いサンプルを見てみましょう。「sample/0832/index.html」をブラウザで開き、ウィンドウの幅を狭くしたり広くしたりして、まずはどのように表示が変化するのかを確認してください。幅が狭い状態では各コンテンツは縦に並び、広くすると3段組みになります。さらにウィンドウを広げると、コンテンツの幅は一定以上には広がらずに中央に配置されます。

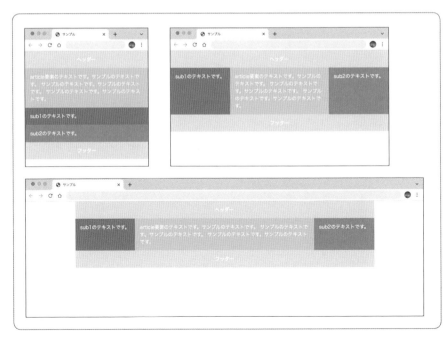

「sample/0832/
index.html」を
ブラウザで表示
させたところ

ではさっそくこのサンプルのソースコードを見てみましょう。HTMLに関しては、ここまでに見てきた3段組みのサンプルとほぼ同じようなものです。コンテンツ全体が<div id="page">〜</div>の中に入れられており、ヘッダーとフッターの間のコンテンツはmain要素でひとまとめにされています。このmain要素の中にはarticle要素のほかにdiv要素が2つ入っていて、その3つの要素が横に並びます。

HTML sample/0832/index.html

```
01  <div id="page">
02    <header>ヘッダー</header>
03    <main>
04      <article>
05        article要素のテキストです。サンプルのテキストです。
06        サンプルのテキストです。サンプルのテキストです。
07        サンプルのテキストです。サンプルのテキストです。
08      </article>
09      <div id="sub1">
10        sub1のテキストです。
11      </div>
12      <div id="sub2">
13        sub2のテキストです。
14      </div>
15    </main>
16    <footer>フッター</footer>
17  </div>
```

CSS sample/0832/styles.css

```
01  body { margin: 0; }
02  #page {
03    margin: 0 auto;
04    max-width: 1000px;
05    color: #fff;
06  }
07  header, article, #sub1, #sub2, footer {
08    padding: 1em;
09    box-sizing: border-box;
10  }
11  main {
12    display: flex;
13  }
14  article {
15    flex: auto;
16    order: 2;
17    background: #fc0;
18  }
```

```
19    #sub1 {
20      flex: none;
21      order: 1;
22      width: 200px;
23      background: #e6d;
24    }
25    #sub2 {
26      flex: none;
27      order: 3;
28      width: 200px;
29      background: #69e;
30    }
31    @media screen and (max-width: 600px) {
32      main {
33        flex-direction: column;
34      }
35      article, #sub1, #sub2 {
36        order: 0;
37        width: auto;
38      }
39    }
40    header, footer {
41      text-align: center;
42      background: #ddd;
43    }
```

175ページのサンプルのソースコード

CSSのソースコードは少し長めですが、指定内容はとてもシンプルです。#pageには「max-width: 1000px;」が指定されていますが、これによってコンテンツ全体の幅が1000ピクセルに制限されています。

main要素には「display: flex;」が指定されていて、これによってmain要素の子要素が横に並んでいます。子要素は、article要素のみ幅が拡張されるようにして、div要素には「flex: none;」を指定して幅を固定化しています。そのうえでorderプロパティを使って、article要素を中央に配置させています。

31行目から39行目では、次に説明する「@media」と「メディアクエリー」を使用して、表示領域の幅が600ピクセル以下のときにのみ適用される表示指定をしています。これによって、表示領域の幅が600ピクセル以下の場合はmain要素の子要素は縦並び（column）になり、子要素の表示される順番はソースコード順となります。

メディアクエリー

「メディアクエリー」を使うと、出力する媒体や状態ごとに、適用するCSSを変えることができます。表示領域の幅などに応じてCSSを変えることができる便利な機能です。

メディアクエリーとは？

第4章ではCSSの組み込み方を解説し、その中でlink要素やstyle要素には**media属性**が指定できるという説明もしました。media属性は、CSSの適用対象とする出力媒体を限定したい場合に使用するもので、次の値が指定できます。

値	意味
all	すべての機器
screen	パソコン画面
print	プリンタ
projection	プロジェクタ
tv	テレビ
handheld	携帯用機器（画面が小さく回線容量も小さい機器）
tty	文字幅が固定の端末（テレタイプやターミナルなど）
speech	スピーチ・シンセサイザー（音声読み上げソフトなど）
braille	点字ディスプレイ
embossed	点字プリンタ

media属性に指定できる値。これによってCSSを適用する出力媒体を限定できる

CSS3での拡張点

CSS2.1で指定できるのはここまでだったのですが、CSS3からはこの機能が拡張されて、出力媒体の種類だけでなくその媒体の特性や状態を示す式も書き込めるようになっています。これによって、たとえばウィンドウの幅が640ピクセルよりも小さければこのCSSを適用し、640ピクセル以上であればこのCSSを適用する、といった指定が可能になります。このように、出力媒体の特性や状態を式にあらわして適用するCSSを指定できる機能のことを**メディアクエリー**と言います。

メディアクエリーの書き方

指定可能な出力媒体の特性（**メディア特性**）には次ページの表のものがあります。これらのメディア特性には、CSSのプロパティと同様の書式で値を指定して使います（値をつけずにメディア特性だけで指定できるものもあります）。値にはCSSで指定できるものと同じ単位が指定できます。たとえば、「min-width: 640px」のように書けば「表示領域の幅が640ピクセル以上」という意味になります。

出力媒体の指定

では、メディアクエリーの書き方について具体的に説明していきましょう。CSS2.1でも指定可能だった出力媒体は、たとえばlink要素やstyle要素のmedia属性で次のように指定しました。

```
CSS

media="出力媒体"
media="出力媒体, 出力媒体"
```

```
CSS

media="screen"
media="screen, print"
```

CSS2.1で可能だった範囲のmedia属性の指定方法と指定例

メディアクエリーを使用する場合は、出力媒体のあとに必要な数だけ「and（メディア特性: 値）」を追加して条件を加えていきます。すると、「出力媒体」と「メディア特性: 値」の式がすべて成り立つ場合にのみCSSが適用されることになります。もちろん、これまで同様にカンマで区切って複数の出力媒体（および and（メディア特性: 値））を指定することもできます。

メディア特性	説明	値
width min-width max-width	表示領域の幅　※スクロールバーも含む 表示領域の最小の幅（これ以上で適用） 表示領域の最大の幅（これ以下で適用）	実数＋単位 実数＋単位 実数＋単位
height min-height max-height	表示領域の高さ　※スクロールバーも含む 表示領域の最小の高さ（これ以上で適用） 表示領域の最大の高さ（これ以下で適用）	実数＋単位 実数＋単位 実数＋単位
device-width min-device-width max-device-width	出力機器の画面全体の幅 出力機器の画面全体の最小の幅 （これ以上で適用） 出力機器の画面全体の最大の幅 （これ以下で適用）	実数＋単位 実数＋単位 実数＋単位
device-height min-device-height max-device-height	出力機器の画面全体の高さ 出力機器の画面全体の最小の高さ （これ以上で適用） 出力機器の画面全体の最大の高さ （これ以下で適用）	実数＋単位 実数＋単位 実数＋単位
orientation	縦長・縦横同じ（portrait）／横長（landscape）	portrait, landscape
aspect-ratio min-aspect-ratio max-aspect-ratio	widthとheightの比率 widthとheightの最小の比率（これ以上で適用） widthとheightの最大の比率（これ以下で適用）	整数/整数　※例：4/3 整数/整数 整数/整数
device-aspect-ratio min-device-aspect-ratio max-device-aspect-ratio	device-widthとdevice-heightの比率 device-widthとdevice-heightの最小の比率 （これ以上で適用） device-widthとdevice-heightの最大の比率 （これ以下で適用）	整数/整数　※例：16/9 整数/整数 整数/整数
color min-color max-color	カラーコンポーネントのビット数 カラーコンポーネントのビット最小の数 （これ以上で適用） カラーコンポーネントのビット最大の数 （これ以下で適用）	整数 整数 整数
color-index min-color-index max-color-index	カラールックアップテーブルの色数 カラールックアップテーブルの最小の色数 （これ以上で適用） カラールックアップテーブルの最大の色数 （これ以下で適用）	整数 整数 整数
monochrome min-monochrome max-monochrome	モノクロのビット数 モノクロの最小のビット数（これ以上で適用） モノクロの最大のビット数（これ以下で適用）	整数 整数 整数
resolution min-resolution max-resolution	解像度 最小の解像度（これ以上で適用） 最大の解像度（これ以下で適用）	実数＋dpi, 実数＋dpcm 実数＋dpi, 実数＋dpcm 実数＋dpi, 実数＋dpcm
scan	テレビの走査方式	progressive, interlace
grid	ビットマップではないグリッド方式 （文字幅固定の機器など）	整数

メディアクエリーで用意されているメディア特性

```
CSS

  media="出力媒体 and （メディア特性: 値）"
  media="出力媒体 and （メディア特性: 値）and （メディア特性: 値）"
  media="出力媒体 and （メディア特性: 値）and （メディア特性: 値）, 出力媒体"
```

⬇

```
CSS

  media="screen and (min-width: 640px)"
  media="screen and (min-width: 640px) and (max-width: 800px)"
  media="screen and (min-width: 640px) and (max-width: 800px), print"
```

メディアクエリーを使用する場合の書式と指定例

@media について

@mediaを使った書式を利用すると、CSSのソースコードの中に出力媒体とメディアクエリーの指定を書き込むことができます。こうすることで、特定の出力媒体が特定の状態になっている場合にのみ、その部分の指定を適用させることが可能になります。

```
CSS

01   @media 出力媒体 メディアクエリー {
02     セレクタ { プロパティ: 値 ; ・・・ }
03     セレクタ { プロパティ: 値 ; ・・・ }
04     セレクタ { プロパティ: 値 ; ・・・ }
05     ・・・
06   }
```

⬇

```
CSS

01   @media screen and (min-width: 640px) and (max-width: 800px) {
02     main { float: none; }
03     #sub { float: none; }
04     p { font-size: 13px; }
05   }
```

@mediaの書式と指定例。この例では、パソコン画面で表示領域の幅が640ピクセル以上800ピクセル以下の場合にのみ、{ }内のCSSが適用される

第**8**章

5

グリッドレイアウトの基本

グリッドレイアウトとは、ボックスを格子状に縦横に区切って、できたマス目に子要素を自由に当てはめていくタイプのレイアウト手法です。指定方法はフレキシブルボックスほど簡単ではありませんが、縦か横かの一方向に限定されずにボックスを自由自在に配置できるのが特徴です。

ボックスを格子状に区切って子要素を配置する

フレキシブルボックスレイアウトのときと同様に、まずは実際にグリッドレイアウトを使ってシンプルな3段組みを実現させる例を見てみましょう。

この3段組みをグリッドレイアウトで実現する

フレキシブルボックスレイアウトでは、「display: flex;」を指定しただけでその内部の要素が横に並びました。グリッドレイアウトは「display: grid;」を指定するところまでは似ているのですが、その上でボックスをどの幅でいくつに区切るかを定義して、それぞれの子要素をどのマス目※に配置するのかを指定する必要があります。

グリッドレイアウトによる3段組み

HTML側のソースコードは、これまでのものと同様で、コンテンツ全体が<div id="page">〜</div>で囲われており、その中に子要素としてheader要素、main要素、div要素が2つ、footer要素が順に収められています。

※このグリッドレイアウトにおける1つのマス目のことをグリッドセルと言います。

CSSではまず、コンテンツ全体を囲っているdiv要素に「display: grid;」を指定しています。こ
れによって、このdiv要素を格子状に区切り、各グリッドセルに子要素を配置できるようになります。

HTML sample/0850/index.html

```
01  <div id="page">
02    <header>ヘッダー</header>
03    <main>
04      メインの段のテキストです。
05      メインの段のテキストです。
06      メインの段のテキストです。
07      メインの段のテキストです。
08      メインの段のテキストです。
09      メインの段のテキストです。
10      メインの段のテキストです。
11    </main>
12    <div id="sub1">
13      サブ1の段のテキストです。
14    </div>
15    <div id="sub2">
16      サブ2の段のテキストです。
17    </div>
18    <footer>フッター</footer>
19  </div>
```

CSS sample/0850/styles.css

```
01  #page {
02    margin: 0 auto;
03    width: 400px;
04    display: grid;
05    grid-template-columns: 100px 200px 100px;
06    grid-template-rows: auto auto auto;
07  }
08
09  header {
10    grid-column: 1 / 4;
11    grid-row: 1;
12  }
13
14  main {
15    color: #888;
16    background: #eee;   /* 薄いグレー */
17    grid-column: 2;
18    grid-row: 2;
19  }
20
```

```
21    #sub1 {
22        color: #fff;
23        background: #390;    /* 緑 */
24        grid-column: 1;
25        grid-row: 2;
26    }
27
28    #sub2 {
29        color: #fff;
30        background: #fc0;    /* 黄色 */
31        grid-column: 3;
32        grid-row: 2;
33    }
34
35    footer {
36        grid-column: 1 / 4;
37        grid-row: 3;
38    }
39
40    header, footer {
41        text-align: center;
42        color: #fff;
43        background: #bbb;
44    }
```

グリッドレイアウトによる3段組みのソースコード

ボックスをどのように区切るのかを指定しているのが、**grid-template-columnsプロパティ**と**grid-template-rowsプロパティ**です。grid-template-columnsは縦列の各幅を左から順に指定するプロパティで、ここで幅を指定した分だけ縦に区切られます。同様にgrid-template-rowsは横列の各高さを上から順に指定するプロパティで、ここで高さを指定した分だけ横に区切られます。値に「auto」を指定すると、内容に合わせた高さとなります。

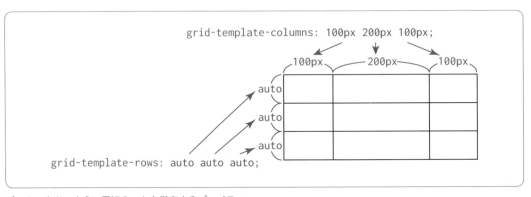

ボックスをどのように区切るのかを指定するプロパティ

次に、子要素をグリッドセルにあてはめていきます。この作業をおこなうには様々な方法があるのですが、ここでは**grid-columnプロパティ**と**grid-rowプロパティ**を使用します。

grid-columnでは、縦の線の左から何番目から何番目の線の間に子要素を配置するのかを指定します。このとき、開始の番号と終了の番号は「1 / 4」のようにスラッシュで区切ります（こうすると1の線から4の線までという意味になります）。

同様にgrid-rowでは、横の線の上から何番目から何番目の線の間に子要素を配置するのかを指定します。このプロパティも基本的には、「1 / 2」の形式で値を指定するのですが、スラッシュと終了の線の番号を省略すると、次の線で（グリッドセル1つ分の高さで）終了するという意味になります。

次の図のようにして、すべての子要素をグリッドセルに当てはめると3段組みが完成します。

子要素をどのグリッドセルにあてはめるのかを指定するプロパティ

グリッドをわかりやすく定義する別の方法

次に、今の3段組みとまったく同じレイアウトを別の方法で指定してみます。ボックスをどのように区切るのか指定するところまでは同じなのですが、今回はグリッドセルごとに名前をつけ、その名前を使って子要素をグリッドセルに当てはめていきます。

1つ前のサンプルと同じ3段組み
を別の方法で指定する

grid-template-areas プロパティと grid-area プロパティ

HTMLは1つ前のサンプルとまったく同じなので、このサンプルではCSSのソースコードのみ掲載します。CSSも「`display: grid;`」とその直後の2行までは前のサンプルとまったく同じです。

```
CSS  sample/0851/styles.css
01   #page {
02     margin: 0 auto;
03     width: 400px;
04     display: grid;
05     grid-template-columns: 100px 200px 100px;
06     grid-template-rows: auto auto auto;
07     grid-template-areas: "head head head"
08                          "sub1 main sub2"
09                          "foot foot foot";
10   }
11
12   header {
13     grid-area: head;
14   }
15
16   main {
17     color: #888;
18     background: #eee;  /* 薄いグレー */
19     grid-area: main;
```

```
20    }
21
22    #sub1 {
23      color: #fff;
24      background: #390;    /* 緑 */
25      grid-area: sub1;
26    }
27
28    #sub2 {
29      color: #fff;
30      background: #fc0;    /* 黄色 */
31      grid-area: sub2;
32    }
33
34    footer {
35      grid-area: foot;
36    }
37
38    header, footer {
39      text-align: center;
40      color: #fff;
41      background: #bbb;
42    }
```

グリッドレイアウトの別の方法による3段組みのソースコード例

新しく**grid-template-areasプロパティ**が登場し、そこで各グリッドセルに名前をつけています。グリッドセルの名前は、横列一列分ごとに引用符（" または '）で囲って1つの文字列にし、その内部の各名前は半角スペースで区切ります（連続して複数の半角スペースを入れてもかまいません）。同じ名前をつけると、そこはつながった領域として扱われます（上のソースコード例では「head」と「foot」が横に3つ分のグリッドセルの領域を占めるようになります）。

grid-template-areasプロパティでグリッドセルに名前をつける

あとは子要素側でgrid-areaプロパティを使って、どのグリッドセルに当てはめるのかを名前で指定すると3段組みは完成します。

実際のWebページに近いレイアウトの例

最後に、フレキシブルボックスレイアウトの最後のサンプル（フレキシブルボックスレイアウト関連の主要なプロパティを総合的に使ったもの）と同じレイアウトをグリッドレイアウトで実現させてみましょう。

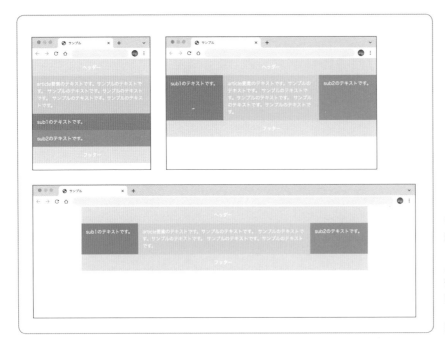

「sample/0852/index.html」は、フレキシブルボックスレイアウトの最後に紹介した「総合的な使用例」をグリッドレイアウトで実現させたもの

HTMLは、フレキシブルボックスレイアウトの最後のサンプルとまったく同じです。3段組みにする3つの要素はmain要素の子要素として配置されています。

```
HTML  sample/0852/index.html

01   <div id="page">
02     <header>ヘッダー</header>
03     <main>
04       <article>
05         article要素のテキストです。サンプルのテキストです。
06         サンプルのテキストです。サンプルのテキストです。
07         サンプルのテキストです。サンプルのテキストです。
08       </article>
09       <div id="sub1">
10         sub1のテキストです。
11       </div>
12       <div id="sub2">
```

```
13        sub2のテキストです。
14      </div>
15    </main>
16    <footer>フッター</footer>
17  </div>
```

CSS sample/0852/styles.css

```
01  body { margin: 0; }
02  #page {
03    margin: 0 auto;
04    max-width: 1000px;
05    color: #fff;
06  }
07  header, article, #sub1, #sub2, footer {
08    padding: 1em;
09    box-sizing: border-box;
10  }
11  main {
12    display: grid;
13    grid-template-columns: 200px 1fr 200px;
14    grid-template-rows: auto;
15  }
16  article {
17    background: #fc0;
18    grid-column: 2;
19    grid-row: 1;
20  }
21  #sub1 {
22    background: #e6d;
23    grid-column: 1;
24    grid-row: 1;
25  }
26  #sub2 {
27    background: #69e;
28    grid-column: 3;
29    grid-row: 1;
30  }
31  @media screen and (max-width: 600px) {
32    main {
33      display: block;
34    }
35  }
36  header, footer {
37    text-align: center;
38    background: #ddd;
39  }
```

前ページのように表示されるグリッドレイアウトのソースコード

CSSの方はすでに使用したことのあるプロパティしか使っていませんが、grid-template-columnsプロパティではここで初めて登場する単位「fr」が使用されています（3つのうちの真ん中の値）。

この「fr」は「fraction（比）」の略で、親要素の中で空いている空間を、指定された数値の比率で縦列または横列に分配する場合に使用します（flexプロパティの値に数値を指定したときと同様の効果があります）。たとえば、「grid-template-columns: 1fr 2fr 3fr;」と指定したら、縦列の幅は「1:2:3」の比率になるということです。

値の中に「fr」付きでない値が含まれている場合は、先に「fr」付きでない幅が確保され、残った幅を「fr」付きで指定された数値の比率で分配します。前ページのサンプルでは値が「200px 1fr 200px」となっていますので、計400pxを親要素の幅から引いた残りの幅が、そのまま全部真ん中のグリッドセルの幅になります。

このようにして3段組み部分のグリッドを定義したら、3つの子要素をグリッドセルに当てはめ、メディアクエリーを使って幅が600ピクセル以下のときにはグリッドを解除して普通のブロックレベル要素として表示させるとこのサンプルの完成です。

✏️ Column

かなり奥が深いグリッドレイアウト

まるで普通のプロパティのように紹介していたgrid-column・grid-row・grid-areaですが、実際にはこれらは次のプロパティの値をまとめて一括指定するためのプロパティです。

- ・grid-column-start
- ・grid-column-end
- ・grid-row-start
- ・grid-row-end

たとえば、grid-columnで「1 / 4」のようにスラッシュで区切って指定していた2つの数字は、それぞれgrid-column-startとgrid-column-endの値だったわけです。grid-areaには、上の4つのプロパティの値をまとめて指定できます。そしてそれぞれの値にも、さらに多くの書き方があります。

グリッドレイアウトには、本書では紹介しきれなかったプロパティがまだまだありますので、「もしかしてこういうことはできないのかな？」と思ったら、ぜひ検索して調べてみてください。その機能は仕様に含まれていて、すでに使える状態になっているかもしれません。

ナビゲーション

第8章までの内容を覚えていれば、一般的なペー
ジの多くの部分を作ることができます。しかし、
ナビゲーションだけはちょっと特殊でその例外
となります。第9章では、ナビゲーションに関連
する要素やプロパティをまとめて紹介します。

ナビゲーションに関連する要素

ナビゲーションはWebページの中でも特徴的なマークアップをする部分です。
ここでは一般的なナビゲーションで使用される主な要素を紹介します。

ナビゲーションのセクション

第7章では、4つあるセクション関連要素のうち、3つだけを解説しました。残りの1つが、ここで説明するnav要素です。

要素名	意味
article	内容がそれだけで完結している記事のセクション
aside	本題から外れた内容のセクション
section	上の2種類のセクション以外の一般的なセクション
nav	主要なナビゲーションのセクション

セクションをあらわす要素、全4種類

nav要素はその部分がナビゲーションのセクションであることを示す要素です。ただし、リンクのグループになっている部分をすべてこの要素としてマークアップすべきかというとそうではなく、通常はグローバルナビゲーションのような主要なナビゲーション部分に対してのみ使用されます。

この要素は、たとえばWebページの内容をスクリーンリーダーで読み上げさせているユーザーが、ナビゲーション部分を読み飛ばしたり、逆に瞬時にナビゲーション部分に移動して読み上げさせたりできるようにするための要素でもあります。そのため、多くの箇所でnav要素が使われていると、かえって使い勝手が悪くなる可能性があります（グローバルナビゲーションに移動したいのに、なかなかそこにたどり着けないなど）。ページ内のフッター部分でよく見かけるリンクのグループなどは、通常はこの要素を使用せずに、footer要素の内部に入れておくだけで十分です。

リスト関連の要素

3種類のリスト要素

ここでいうリスト関連の要素とは、箇条書きのような形式でテキストを表示させる要素のことで、直接的にはナビゲーションとは関係ありません。しかし、ナビゲーションの各項目を（表示形式とは関係なく意味的な面から）どの要素としてマークアップするかということを考えたときに、この要素以上

にぴったりと当てはまる要素はほかにありません。そのため、ナビゲーション部分をマークアップするには、一般的にここで紹介するul要素が使用されています。ここでは、そのul要素をはじめとする3種類の要素について説明します。

要素名	意味
ul	箇条書きタイプのリスト（範囲全体）
ol	番号付きタイプのリスト（範囲全体）
li	リスト内の1項目

箇条書きタイプのリスト関連要素

まず、箇条書きタイプのリストには2種類があります。リスト内の各項目に番号がついているタイプとついていないタイプです。通常、ナビゲーションに使用されるのはその「番号のついていないタイプ」の方で、英語の「unordered list」の先頭の文字をそれぞれとって**ul要素**という名前になっています。「番号のついているタイプ」は英語では「ordered list」となるため、**ol要素**と呼ばれています。

ul要素とol要素は、それぞれのリストの範囲全体を示すもので、その中の各項目は**li要素**としてマークアップします。li要素の「li」は「list item」の略です。ここで簡単な例を示しますので、タグのつけ方と基本的にどのように表示されるのかを確認してください。

```
HTML  sample/0910/index.html
01  <ul>
02  <li>番号のついていないタイプの項目1です。</li>
03  <li>番号のついていないタイプの項目2です。</li>
04  <li>番号のついていないタイプの項目3です。</li>
05  </ul>
06
07  <ol>
08  <li>番号のついているタイプの項目1です。</li>
09  <li>番号のついているタイプの項目2です。</li>
10  <li>番号のついているタイプの項目3です。</li>
11  </ol>
```

ul要素とol要素のマークアップの例

上のソースコードの表示例

ul要素とol要素の子要素

ul要素とol要素に直接の子要素として入れられるのは、（一部のスクリプト関連要素を除き）li要素だけです。したがって、それらの要素を入れ子にする場合には、ul要素またはol要素内に直接別のul要素またはol要素内を入れるのではなく、li要素の中に入れるようにしてください。li要素の中にはインライン要素でもブロックレベル要素でも自由に入れることができます。

```
    HTML  sample/0911/index.html
01  <ul>
02    <li>ul要素の項目1</li>
03    <li>ul要素の項目2
04      <ol>
05        <li>ol要素の項目1</li>
06        <li>ol要素の項目2</li>
07        <li>ol要素の項目3</li>
08      </ol>
09    </li>
10    <li>ul要素の項目3</li>
11  </ul>
```

リストを入れ子にする場合のマークアップの例。入れ子にするul要素やol要素は、li要素の中に入れる必要がある

入れ子にした場合の表示例

なお、ol要素およびol要素内のli要素には、次の属性が指定できます。

ol要素に指定できる属性

- **start="開始番号"**
  番号を1以外から始めたい場合に、その先頭の番号を整数で指定します。

- **type="番号の種類"**
  各項目に表示させる番号の種類を指定します。
  右の5種類の値が指定できます。

値	番号の種類	表示例
1	整数	1. 2. 3.
a	アルファベット（小文字）	a. b. c.
A	アルファベット（大文字）	A. B. C.
i	ローマ数字（小文字）	i. ii. iii.
I	ローマ数字（大文字）	I. II. III.

li要素に指定できる属性

- **value="番号"**　　※**ol要素の子要素である場合のみ指定可**
  ol要素内のその項目の番号を整数で指定します。この項目のあとに続く項目の番号は、ここで指定した
  番号に続く連番となります。

用語説明型のリスト

ナビゲーション部分に使われることはあまりありませんが、リストに分類される要素として用語説明型のリストも紹介しておきましょう。用語説明型のリストとは、箇条書きのように単純に項目が複数あるタイプのリストではなく、用語とその説明のように内容の項目がペアになっているタイプのリストです。用語説明型のリストとは言っても、用語とその説明に限らず、質問と回答のように内容が対になっている形式のデータ全般に対して使用することが可能です。

要素名	意味
dl	用語説明型のリスト（範囲全体）
dt	リスト内の「用語」に該当する部分
dd	リスト内の「説明」に該当する部分

用語説明型リストの関連要素

ul要素とol要素のように、用語説明型のリストの全体を示すのが**dl要素**です。dlは「description list」の略です。そして、その中にli要素のように入れる要素が、用語説明型のリストの場合は2種類あります。「用語（term）」部分に該当する**dt要素**と、「説明文（description）」部分に該当する**dd要素**です。

では、具体的な使い方の例を紹介しましょう。

```
HTML  sample/0912/index.html

01  <dl>
02      <dt>やれやれ</dt>
03      <dd>村上春樹の小説でよく目にするセリフ。</dd>
04      <dt>やれやれ〜</dt>
05      <dd>クレヨンしんちゃんがよく言うセリフ。</dd>
06      <dt>やれやれやれー</dt>
07      <dd>松田優作が『野獣死すべし』という映画の中で言ったセリフ。</dd>
08  </dl>
```

dl要素のマークアップ例

上のソースコードの表示例

dl要素内には、上の例のようにdt要素とdd要素をペアにして複数入れることができます。ペアといっ
てもdt要素とdd要素は常に1つずつである必要はなく、dt要素またはdd要素を連続して複数入れる
ことも可能です。ただし、同じペア内ではdt要素は必ずdd要素よりも前に配置する必要があります。
また、dt要素とdd要素のペアは、**div要素でグループ化**することが可能です。これによって、dt要素
とdd要素のペアごとに枠線で囲うなどのCSSでの表示指定がしやすくなります。ただしdiv要素を使
う際は、（一部だけでなく）すべてのdt要素とdd要素をdiv要素でグループ化する必要がある点に注
意してください。

✎ Column   **dl要素はもともとは「定義リスト」だった!?**

dl要素の「dl」が「description list」の意味になったのはHTML5からです。それ以前は、「definition
list」の意味で「定義リスト」と呼ばれていました。簡単に言えば、dl要素はもともとは専門用語など
を定義する部分で使用するために用意された要素だったのです。とはいえ、使用する対象はそれだけに
限定されていたわけでもありませんので、使い方が変わったということではありません。HTML5に
なって、要素名の意味がより汎用的なものに修正されたということです。

リスト関連のプロパティ

ナビゲーションを作成する際に必須というわけではないのですが、CSSにはul要素とol要素に使用できる専用のプロパティが用意されていますのでここで紹介しておきます。

ul要素とol要素に使用できる専用の
プロパティは、右の表のとおりです。

プロパティ名	機能
list-style-type	行頭記号を変える
list-style-image	行頭記号を画像にする
list-style-position	行頭記号の表示位置を設定する
list-style	リスト関連プロパティの一括指定

リスト関連のプロパティ

なお、ここで紹介するプロパティはすべて行頭記号に関するものですので、指定する対象はli要素となります。しかし、これらのプロパティはすべてその内部の要素にも値を継承するタイプとなっているため、ul要素やol要素に対して指定すると、その子要素であるli要素にも適用されることになります。

行頭記号を変える

list-style-typeプロパティは、行頭記号を変更するプロパティです。次の値が指定できます。表示される行頭記号は、ブラウザの種類によって異なる場合があります。

list-style-type に指定できる値

- **none**
  行頭記号を消します。
- **disc**
  塗りつぶした丸にします。
- **circle**
  白抜きの丸にします。
- **square**
  四角にします。
- **decimal**
  数字にします。

- **decimal-leading-zero**
  01. 02. 03. 〜 99. のように先頭に0をつけた数字にします。

- **lower-roman**
  小文字のローマ数字にします。

- **upper-roman**
  大文字のローマ数字にします。

- **lower-latin**
  小文字のアルファベットにします。

- **upper-latin**
  大文字のアルファベットにします。

- **lower-alpha**
  小文字のアルファベットにします。

- **upper-alpha**
  大文字のアルファベットにします。

- **lower-greek**
  小文字のギリシャ文字にします。

HTML sample/0920/index.html

```
01  <ul id="sample1">
02  <li>項目1</li>
03  <li>項目2</li>
04  <li>項目3</li>
05  </ul>
06
07  <ul id="sample2">
08  <li>項目1</li>
09  <li>項目2</li>
10  <li>項目3</li>
11  </ul>
12
13  <ul id="sample3">
14  <li>項目1</li>
15  <li>項目2</li>
16  <li>項目3</li>
17  </ul>
18
19  …中略…
20
21  <ol id="sample9">
22  <li>項目1</li>
23  <li>項目2</li>
24  <li>項目3</li>
25  </ol>
```

```
CSS   sample/0920/styles.css
01   body {
02     display: flex;
03     flex-wrap: wrap;
04   }
05   ul, ol { margin-right: 40px; }
06   #sample1 { list-style-type: none; }
07   #sample2 { list-style-type: disc; }
08   #sample3 { list-style-type: circle; }
09   #sample4 { list-style-type: square; }
10   #sample5 { list-style-type: decimal; }
11   #sample6 { list-style-type: decimal-leading-zero; }
12   #sample7 { list-style-type: lower-roman; }
13   #sample8 { list-style-type: upper-roman; }
14   #sample9 { list-style-type: lower-alpha; }
```

list-style-typeプロパティの指定例

上のソースコードの表示例

行頭記号を画像にする

list-style-imageプロパティを使用すると、行頭記号を画像に変えることができます。指定できる値
は次の通りで、画像は url(〜)の書式で指定します。

list-style-image に指定できる値

- **url(画像のアドレス)**
  指定した画像を行頭記号として表示させます。

- **none**
  画像を行頭記号として表示させません。

HTML sample/0921/index.html

```
01  <ul>
02  <li>項目1</li>
03  <li>項目2</li>
04  <li>項目3</li>
05  </ul>
```

CSS sample/0921/styles.css

```
01  ul { list-style-image: url(triangle.gif); }
```

list-style-imageプロパティの指定例

上のソースコードの表示例

行頭記号の表示位置を設定する

list-style-position プロパティを使用すると、行頭記号の表示位置を、テキストを表示させる領域の内側に変更することができます。次の値が指定できます。

list-style-position に指定できる値

- **outside**
テキストを表示させる領域の外側に行頭記号を表示させます。

- **inside**
テキストを表示させる領域の内側に行頭記号を表示させます。

行頭記号の表示位置を変更しても、項目内のテキストが短いと違いはよく分かりません。しかし、下のサンプルのようにテキストが長く、行を折り返す状態になると、行頭記号の位置の違いがはっきりと分かります。

```
HTML sample/0922/index.html
01  <ul id="sample1">
02  <li>行頭記号の表示位置として「outside」を指定しています。</li>
03  <li>行頭記号の表示位置として「outside」を指定しています。</li>
04  </ul>
05
06  <ul id="sample2">
07  <li>行頭記号の表示位置として「inside」を指定しています。</li>
08  <li>行頭記号の表示位置として「inside」を指定しています。</li>
09  </ul>
```

```
CSS sample/0922/styles.css
01  #sample1 { list-style-position: outside; }
02  #sample2 { list-style-position: inside; }
```

list-style-position プロパティの指定例

上のソースコードの表示例

リスト関連プロパティの一括指定

list-styleプロパティを使用すると、リスト関連プロパティの値を任意の順でまとめて一括で指定できます。必要な値を半角スペースで区切って指定します。「none」を指定すると、`list-style-type`と`list-style-image`の両方の値が「none」に設定されます。

list-style に指定できる値

- **list-style-typeの値**
  list-style-typeに指定できる値（p.197）が指定できます。
- **list-style-imageの値**
  list-style-imageに指定できる値（p.200）が指定できます。
- **list-style-positionの値**
  list-style-positionに指定できる値（p.201）が指定できます。

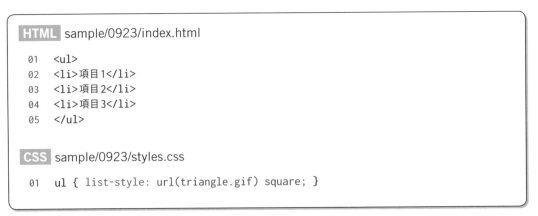

```
HTML  sample/0923/index.html
01  <ul>
02  <li>項目1</li>
03  <li>項目2</li>
04  <li>項目3</li>
05  </ul>

CSS  sample/0923/styles.css
01  ul { list-style: url(triangle.gif) square; }
```

list-style プロパティの指定例

上のソースコードの表示例

3 ナビゲーションの作り方

では、この章で覚えた要素とプロパティをどのように使ってナビゲーションを作るのかを、簡単な例で紹介します。まずは、HTML側のマークアップから確認していきましょう。

ナビゲーションのマークアップ

ここでは、ヘッダー部分によくあるようなグローバルナビゲーションを作成すると仮定して、全体をnav要素の中に入れます。その内部にはul要素を配置して、ナビゲーションの各項目はliの中に入れます。

各項目はナビゲーションとして機能するようにa要素でリンクにしておきます。

```
HTML  sample/0930/index.html
01  <nav>
02    <ul>
03      <li><a href="a.html">項目A</a></li>
04      <li><a href="b.html">項目B</a></li>
05      <li><a href="c.html">項目C</a></li>
06      <li><a href="d.html">項目D</a></li>
07      <li><a href="e.html">項目E</a></li>
08    </ul>
09  </nav>
```

ナビゲーション部分のマークアップ

この時点では、普通のリストとして表示される

リストの項目を横に並べる

ここから徐々にCSSを追加して、ナビゲーションらしく見えるようにしていきます。

まずはリストの各項目を横に並べるために、ul要素に「display: flex;」を指定します。しかしそれだけだと各li要素の先頭にある行頭記号は表示されたままです。実はli要素は、初期状態では「display: list-item;」というリスト項目専用の特別な表示形式となっており、そのボックスには行頭記号を表示させる領域も別途確保されているなど扱いが少々面倒な要素なのです。

そこで、li要素を普通のブロックレベル要素と同じように扱えるようにするために、li要素に「display: block;」を指定します。こうすることで行頭記号もそれを表示するための領域も消えて、li要素は普通のブロックレベル要素と同じようにシンプルに扱えるようになります。各li要素の幅は、ここでは仮に80pxにしておきます。

ちなみにソースコードの先頭でbody要素にマージンを指定しているのは、サンプルの表示結果を見やすくするためです。

```
CSS  sample/0931/styles.css
01  body {
02    margin-top: 80px;
03  }
04
05  nav ul {
06    display: flex;
07  }
08  nav li {
09    display: block;
10    width: 80px;
11  }
```

リストの各項目を横に並べるためのソースコード

行頭記号が消え、リストの項目が横に並んだ

リンクの範囲を確認する

この状態だとボックスの範囲などが分かりにくいので、各項目内のa要素に背景色（と文字色）を指定します。

背景色を表示させてみると、背景がつくのはテキストのある狭い範囲に限定されていることが分かります。リンクとしてクリックできるのも背景が表示されている範囲ですので、その領域を広げる必要があります。

```
CSS  sample/0932/styles.css
01   nav a {
02     color: #fff;
03     background: #69e;
04   }
```

a要素に背景色と文字色を指定する

この時点でクリックが可能なのは、水色の背景が表示されている狭い領域のみ

リンクの範囲を拡張する

a要素はインライン要素であるため、widthプロパティやheightプロパティを指定して大きさを変更することはできません。インライン要素の場合は、高さはフォントサイズや行の高さなどで決まりますし、状況によって行を折り返す場合もあるので幅も指定できないのです。それではナビゲーションの項目としては不都合ですので、a要素もブロックレベル化してしまいましょう。

次の指定を追加します。

```
CSS  sample/0933/styles.css

01   nav a {
02     color: #fff;
03     background: #69e;
04     display: block;   ←──── この行を追加
05   }
```

a要素もブロックレベル化する

背景が表示される範囲（=クリック可能な範囲）が広がった

表示を調整する

この状態ではナビゲーションらしく見えないので、表示を調整します。まず、行の高さとパディングの指定を追加して背景の表示される領域を調整し、各項目の左側に白いボーダーを表示させて境界がハッキリと分かるようにします。あとはテキストを中央揃えにして下線を消したら、シンプルではありますがナビゲーションらしくなりました。

```
CSS  sample/0934/styles.css
01  nav a {
02    color: #fff;
03    background: #69e;
04    display: block;
05    line-height: 1.0;
06    padding: 6px 0;
07    border-left: 1px solid #fff;          ─── 追加
08    text-align: center;
09    text-decoration: none;
10  }
```

ナビゲーションらしく見えるように表示を調整する

ナビゲーションらしく見えるようになった

カーソルが上にあるときの処理

一般に、ナビゲーションの項目はカーソルをのせると背景が変わるなどなんらかの変化を見せます。最後にその処理を追加しましょう（これで完成ですのでナビゲーション部分全体の表示指定を掲載しておきます）。ナビゲーション作成のポイントは、li要素とa要素の両方に「display: block;」を指定することです。あとは段組みの要領で横に並べたり、細かい表示の調整をおこなうだけで簡単に作成できます。

HTML sample/0935/index.html

```
01  <nav>
02    <ul>
03      <li><a href="a.html">項目A</a></li>
04      <li><a href="b.html">項目B</a></li>
05      <li><a href="c.html">項目C</a></li>
06      <li><a href="d.html">項目D</a></li>
07      <li><a href="e.html">項目E</a></li>
08    </ul>
09  </nav>
```

CSS sample/0935/styles.css

```
01  nav ul {
02    display: flex;
03  }
04  nav li {
05    display: block;
06    width: 80px;
07  }
08  nav a {
09    color: #fff;
10    background: #69e;
11    display: block;
12    line-height: 1.0;
13    padding: 6px 0;
14    border-left: 1px solid #fff;
15    text-align: center;
16    text-decoration: none;
17  }
18  nav a:hover {
19    background: #f6d;            ── 追加
20  }
```

カーソルをのせたときの処理を追加

カーソルをのせると背景色が変わるようになった

フォームとテーブル

HTMLでは、検索などに使用するテキスト入力欄のような入力・選択のためのパーツが多く用意されています。第10章では、そのようなパーツの扱い方とテーブル（表）のマークアップの仕方、およびそれらに関連するCSSのプロパティについて説明します。

フォーム関連の要素

第10章

1

HTML5では、フォームに関連する新しい要素が多く追加されただけでなく、従来からある要素に指定可能な属性も大量に追加されました。とはいえ、すべてが頻繁に使用されるものでもないため、現段階でそれらのすべてを覚える必要はありません。ここでは、一般的なフォームで使用される基本機能を中心に、フォーム関連の要素と属性について説明していきます。

フォーム全体を囲む要素

form要素は、その要素内に含んでいるフォーム関連要素で入力・選択したデータの送信先や送信方法を指定する要素です。テキスト入力欄やメニューなどはこの要素の中に入れなくても使用できますが、データをサーバーに送信するのであれば通常はform要素内に配置します※。form要素には次の属性が指定できます。

form要素に指定できる属性

- **action="送信先のURL"**
  データの送信先のURLを指定します。

- **method="送信方法"**
  データの送信方法を指定します。「get（初期値）」または「post」が指定できます。「get」はURLの後ろにデータをつけ加えて送信する方法です。「post」はURLとは別に（HTTPリクエストとは別のデータ本体として）データを送信します。

- **enctype="MIMEタイプ"**
  method属性の値が「post」のときの、データを送信する際のMIMEタイプを指定します。「application/x-www-form-urlencoded（初期値）」「multipart/form-data」「text/plain」のいずれかが指定できます。データとしてファイルを送信する場合には「multipart/form-data」を指定する必要があります。

- **name="フォームの名前"**
  フォームを参照するための名前を指定します。

※HTML5以降では、form要素の内部に含まれていない要素で入力・選択したデータでもサーバーに送信できるようにするための新しい属性が追加されています。

入力欄やボタンを生成する要素

フォームで使用されるテキスト入力欄や各種ボタン類の多くは、**input要素**というたった一種類の空要素によって生成されます。input要素をどのフォーム部品にするのかは、type属性で指定します。フォーム部品の種類によって、使用する属性とその機能は違ってきます。ユーザーによって入力・選択されたデータは、name属性で指定した名前とペアで送信されます。

input要素に指定できる属性

- **type="フォーム部品の種類"**
  このinput要素を、どのフォーム部品にするのかを次のキーワードで指定します。

キーワード	フォーム部品の種類
text	1行のテキスト入力欄（一般テキスト用）
password	1行のテキスト入力欄（パスワード用）
checkbox	チェックボックス
radio	ラジオボタン
file	ファイル送信用部品
hidden	画面上には表示させずに送信するテキスト
submit	送信ボタン
reset	リセットボタン
button	汎用ボタン
image	画像の送信ボタン

- **name="部品の名前"**
  このフォーム部品の名前を指定します。入力・選択されたデータは、この名前とペアで送信されます。同じ選択項目内でのチェックボックスまたはラジオボタンには同じ名前をつける必要があります。

- **value="初期値／ラベル／送信値"**
  テキスト入力欄の場合は、そこに最初から入力されている初期値になります。ボタンの場合は、そのボタンのラベルになります。チェックボックスまたはラジオボタンの場合は、その項目を選択したときにサーバーに送信される値になります。

- **size="文字数"**
  テキスト入力欄の文字数を指定します。この属性に指定した値によってテキスト入力欄の幅が変化します。初期値は20です。

- **maxlength="最大文字数"**
  テキスト入力欄に入力できる最大の文字数を指定します。

- **checked**
  チェックボックスまたはラジオボタンを選択した状態にします。

- **readonly**
  このフォーム部品を変更不可（選択は可能）の状態にします。

- **disabled**
  このフォーム部品を変更・選択不可の状態にします。

- **src="画像のURL"**
  画像の送信ボタンにする際の「画像のURL」を指定します。

- **width="幅"**
  画像の送信ボタンの画像の幅（実際の幅ではなく表示させる幅）をピクセル数で指定します。

- **height="高さ"**
  画像の送信ボタンの画像の高さ（実際の高さではなく表示させる高さ）をピクセル数で指定します。

- **alt="代替テキスト"**
  画像の送信ボタンの画像が表示できない場合に、その代わりとして使用するテキストを指定します。

input要素の使用例

では、input要素が実際にどのように使用され、ブラウザではどのように表示されるのかをサンプルで確認してみましょう。

`HTML` sample/1010/index.html

```
01  <form action="sample.cgi" method="post">
02  <p>
03  text：<input type="text" name="type01">
04  </p>
05  <p>
06  password：<input type="password" name="type02">
07  </p>
08  <p>
09  checkbox：
10  <input type="checkbox" name="type03" value="c1" checked>項目1
11  <input type="checkbox" name="type03" value="c2">項目2
12  <input type="checkbox" name="type03" value="c3">項目3
13  </p>
14  <p>
15  radio：
16  <input type="radio" name="type04" value="r1" checked>項目1
17  <input type="radio" name="type04" value="r2">項目2
18  <input type="radio" name="type04" value="r3">項目3
19  </p>
20  <p>
21  file：<input type="file" name="type05">
22  </p>
```

```
23    <p>
24    hidden：<input type="hidden" value="h1" name="type06">
25    </p>
26    <p>
27    submit：<input type="submit">
28    </p>
29    <p>
30    reset：<input type="reset">
31    </p>
32    <p>
33    button：<input type="button" value="ボタン">
34    </p>
35    <p>
36    image：<input type="image" src="stone.png" alt="送信">
37    </p>
38    </form>
```

input要素の使用例。これらのフォーム部品はすべてinput要素のtype属性に異なる値を指定したもの

input要素の表示例。表示結果は、ブラウザやOSの種類によって異なる

仕様上はもっと多くの部品が用意されている!?

実はここまでに紹介したフォーム部品はすべてHTML4ですでに定義されていたもので、HTML5以降ではtype属性の値としてさらに下の表で示したキーワードが指定可能となっています。

キーワード	フォーム部品の種類
search	1行のテキスト入力欄（検索用）
tel	1行のテキスト入力欄（電話番号用）
url	1行のテキスト入力欄（URL用）
email	1行のテキスト入力欄（メールアドレス用）
datetime-local	日時の入力用部品（タイムゾーンなし）
date	年月日入力用部品
month	年月入力用部品
week	年週入力用部品
time	時刻入力用部品
number	数値入力用部品
range	スライド型部品
color	色選択用部品

HTML5で追加されたinput要素のtype属性の値

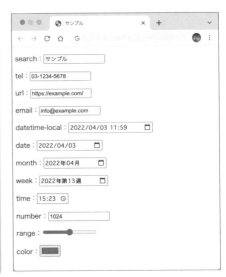

```
sample/1011/index.html

01  <p>search：<input type="search"></p>
02  <p>tel：<input type="tel"></p>
03  <p>url：<input type="url"></p>
04  <p>email：<input type="email"></p>
05  <p>datetime-local：<input type=
06  "datetime-local"></p>
07  <p>date：<input type="date"></p>
08  <p>month：<input type="month"></p>
09  <p>week：<input type="week"></p>
10  <p>time：<input type="time"></p>
11  <p>number：<input type="number"></p>
12  <p>range：<input type="range"></p>
13  <p>color：<input type="color"></p>
```

HTML5で追加されたtype属性の値の使用例

左のサンプルソースをGoogle Chromeで表示させたところ

複数行のテキスト用の入力欄

textarea要素は、複数行のテキスト入力欄を表示させる要素です。

input要素で生成可能なのは1行のテキスト入力欄だけで、複数行のテキスト入力欄が必要な場合にはtextarea要素を使用する必要があります。この要素は空要素ではなく、要素内容として入れたテキストが、初期状態でテキスト入力欄に入力された状態で表示されます。

次の属性が指定できます。

textarea要素に指定できる属性

- **cols="文字数"**
  テキスト入力欄の1行の文字数を指定します。この属性に指定した値によってテキスト入力欄の幅が変化します。初期値は20です。

- **rows="行数"**
  テキスト入力欄の行数を指定します。この属性に指定した値によってテキスト入力欄の高さが変化します。初期値は2です。

- **name="部品の名前"**
  このフォーム部品の名前を指定します。入力されたデータは、この名前とペアで送信されます。

- **maxlength="最大文字数"**
  入力可能な最大の文字数を指定します。

- **readonly**
  このフォーム部品を変更不可（選択は可能）の状態にします。

- **disabled**
  このフォーム部品を変更・選択不可の状態にします。

HTML sample/1012/index.html

```
01  <form action="sample.cgi" method="post">
02  <p>
03  <textarea rows="7" cols="50">
04  サンプルテキスト
05  </textarea>
06  </p>
07  </form>
```

textarea要素の使用例

前ページのソースコードの表示

要素内容をラベルとして表示するボタン

基本的なボタンはinput要素で生成可能なのですが、それとは別に**button要素**というボタン専用の要素も用意されています。input要素は空要素でしたが、button要素の場合は要素内容をそのままボタン上のラベルとして表示できる点が大きく異なります。

button要素に指定できる属性

- **type="ボタンの種類"**
  ボタンの種類を次のキーワードで指定します。

キーワード	ボタンの種類
submit	送信ボタン（初期値）
reset	リセットボタン
button	汎用ボタン

- **name="部品の名前"**
  このフォーム部品の名前を指定します。この名前とvalue属性の値がペアで送信されます。

- **disabled**
  このフォーム部品を変更・選択不可の状態にします。

- **value="送信値"**
  サーバーに送信される値を指定します。この値とname属性の値がペアで送信されます。

```
HTML  sample/1013/index.html

01  <p>
02  <button type="submit">送信ボタン</button>
03  <button type="reset">リセットボタン</button>
04  <button type="button">
05  <strong>汎用ボタン</strong>
06  <br>
07  <img src="moon.jpg" width="100" height="93" alt="">
08  </button>
09  </p>


CSS  sample/1013/styles.css

01  button[type="button"] {
02    font-size: large;
03    border-radius: 10px;
04    color: white;
05    background: #666699;
06  }
```

button要素の使用例

上のソースコードの表示

メニューを構成する要素

メニューは、基本的なフォームの部品の中では唯一複数の要素の組み合わせで作られる部品です。メニューの構造は、リストと同じようになっていて、全体を**select要素**で囲い、各選択肢は**option要素**で指定します。それぞれに指定できる属性は次の通りです。

select要素に指定できる属性

- **name="部品の名前"**
  このフォーム部品の名前を指定します。選択されたデータは、この名前とペアで送信されます。

- **size="行数"**
  一度に見られる項目の数（行数）を指定します。この属性を指定すると、メニューではなくリストボックスになります。

- **multiple**
  複数の項目を選択できるようにします。

- **disabled**
  このフォーム部品を変更・選択不可の状態にします。

option要素に指定できる属性

- **value="送信値"**
  サーバーに送信される値を指定します。この値とselect要素のname属性の値がペアで送信されます。

- **selected**
  この項目を選択した状態にします。

- **disabled**
  このフォーム部品を変更・選択不可の状態にします。

HTML sample/1014/index.html

```
01   <p>
02   選択してください：
03   <select>
04     <option>メニュー項目1</option>
05     <option>メニュー項目2</option>
06     <option>メニュー項目3</option>
07     <option>メニュー項目4</option>
08     <option>メニュー項目5</option>
07   </select>
09   </p>
```

select要素・option要素の使用例

前ページのソースコードの表示

フォーム部品とテキストを関連づける要素

たとえばテキスト入力欄の前に「名前：」のようなテキストを配置したとしても、それだけでそのテキストとテキスト入力欄が内部的に結びつけられるわけではありません。そのため、その「名前：」と書かれた部分をクリックしたとしても、テキスト入力欄には何の反応もありません（入力を開始するには直接テキスト入力欄をクリックする必要があります）。同様に、チェックボックスやラジオボタンもテキスト部分をクリックしても一切反応はなく、直接ボタン部分をクリックしなければなりません。しかし、それでは一般的なアプリケーションとは反応が違うことになり使いにくいので、テキストとフォーム部品を内部的に関連づけるための要素が用意されています。それが**label要素**です。

label要素の使い方

label要素でテキストとフォーム部品を関連づけるには2つの方法があります。1つはテキストとフォーム部品を一緒にlabel要素の内容として入れてしまう方法です。もう1つは、フォーム部品にid属性を指定しておき、内容としてテキストだけを入れたlabel要素のfor属性の値にそのid属性の値を入れて関連づける方法です。

label要素の内容として入れられるのは、インライン要素だけです（各種フォーム部品もインライン要素に分類されます）。ブロックレベル要素は入れられませんので注意してください。

label要素に指定できる属性

- **for="部品のid"**
  フォーム部品のid属性の値を指定して、このラベルと関連づけます。

```
HTML  sample/1015/index.html
01   <p>
02   <label>ラベル：<input type="text"></label>
03   </p>
04   <p>
05   <label><input type="checkbox" name="cb"> 項目A</label>
06   <label><input type="checkbox" name="cb"> 項目B</label>
07   <label><input type="checkbox" name="cb"> 項目C</label>
08   </p>
09   <p>
10   <input id="rb1" type="radio" name="rb">
11   <label for="rb1">項目D</label>
12   <input id="rb2" type="radio" name="rb">
13   <label for="rb2">項目E</label>
14     <input id="rb3" type="radio" name="rb">
15   <label for="rb3">項目F</label>
16   </p>
```

label要素の使用例

上のソースコードの表示。テキスト部分をクリックすると反応するようになっている

フォーム部品などをグループ化する要素

各種フォーム部品やそのラベルのテキストなどをグループ化するには、**fieldset要素**を使用します。グループの表示方法が特に決められているわけではありませんが、一般的なブラウザではグループ全体を囲うような線が表示されます。

fieldset要素でグループ化した範囲にタイトルをつけるには、**legend要素**を使用します。legend要素は、fieldset要素でマークアップした範囲の先頭に1つだけ入れることができます。

fieldset要素に指定できる属性

- **name="部品の名前"**
  この要素の名前を指定します。

- **disabled**
  このフォーム部品を変更・選択不可の状態にします。

次の例では、前のサンプルをそのまま使ってfieldset要素でグループ化しています。

```
HTML  sample/1016/index.html
01  <fieldset>
02  <legend>グループのタイトル</legend>
03  <p>
04  <label>ラベル：<input type="text"></label>
05  </p>
06  <p>
07  <label><input type="checkbox" name="cb"> 項目A</label>
08  <label><input type="checkbox" name="cb"> 項目B</label>
09  <label><input type="checkbox" name="cb"> 項目C</label>
10  </p>
11  <p>
12  <input id="rb1" type="radio" name="rb">
13  <label for="rb1">項目D</label>
14  <input id="rb2" type="radio" name="rb">
15  <label for="rb2">項目E</label>
16  <input id="rb3" type="radio" name="rb">
17  <label for="rb3">項目F</label>
18  </p>
19  </fieldset>
```

fieldset要素とlegend要素の使用例。legend要素を使用する場合は、必ずグループ内の先頭に入れる

上のソースコードの表示

フォーム関連のプロパティ

第10章

2

ここで、フォームのために用意されているというわけではありませんが、フォームと関連して使用されることが多いプロパティをいくつか紹介しておきましょう。

リサイズ可能にする

第10章-1の複数行のテキスト入力欄のサンプルですでにお気づきの方も多いと思われますが、一般的なブラウザでtextarea要素を表示させると、ボックスの右下をドラッグすることで大きさが変えられるようになっています。適用対象がテキスト入力欄に限定されているわけではありませんが、このようにボックスの大きさをユーザーが変更できるようにするかどうかは**resizeプロパティ**で設定できます。

resizeに指定できる値

- **both**
  幅と高さの両方をリサイズ可能にします。
- **horizontal**
  幅だけをリサイズ可能にします。
- **vertical**
  高さだけをリサイズ可能にします。
- **none**
  リサイズができない状態にします。

resizeプロパティの初期値は「none」です。そのため、現在の一般的なブラウザではほとんどの要素はリサイズができない状態になっていますが、textarea 要素の resize プロパティの値については（デフォルトスタイルシートで）「both」に設定されているものが多いようです。したがって、他の値を指定しないかぎり、textarea 要素は幅と高さの両方がリサイズ可能な状態となっていますので注意してください。

```
HTML    sample/1020/index.html
01    <p>
02    <textarea id="sample1" rows="3" cols="30">
03    初期状態</textarea>
04    </p>
05
06    <p>
07    <textarea id="sample2" rows="3" cols="30">
08    both（幅と高さを変更可）</textarea>
09    </p>
10
11    <p>
12    <textarea id="sample3" rows="3" cols="30">
13    horizontal（幅のみ変更可）</textarea>
14    </p>
15
16    <p>
17    <textarea id="sample4" rows="3" cols="30">
18    vertical（高さのみ変更可）</textarea>
19    </p>
20
21    <p>
22    <textarea id="sample5" rows="3" cols="30">
23    none（変更不可）</textarea>
24    </p>
```

```
CSS     sample/1020/styles.css
01    #sample2 { resize: both; }
02    #sample3 { resize: horizontal; }
03    #sample4 { resize: vertical; }
04    #sample5 { resize: none; }
```

resizeプロパティをtextarea要素に適用した例

前ページのソースコードを表示させたところ（何も操作していない状態）

このようにtextarea要素の大きさを変えることができる

ボックスに影をつける

box-shadowプロパティを使用すると、text-shadowプロパティと同様の指定方法でボックスに影をつけることができます。ただし、box-shadowプロパティでは4つめの数値として影を拡張させる距離が指定でき、「inset」というキーワードを指定することで影をボックスの内部に表示させられるようにもなっています。次の値が指定できます。

box-shadowに指定できる値

- **inset**
  影をボックスの内側に表示させます。この値を指定しなければ、影はボックスの外側に表示されます。
- **単位つきの実数**
  影の「右方向への移動距離」「下方向への移動距離」「ぼかす範囲」「上下左右に拡張させる距離」は単位つきの実数で指定します。
- **色**
  色の書式に従って影の色を指定できます。
- **none**
  影を表示させません。

数値は、影の「右方向への移動距離」「下方向への移動距離」「ぼかす範囲」「上下左右に拡張させる距離」の順に半角スペースで区切って指定します。「ぼかす範囲」と「上下左右に拡張させる距離」は指定しなくてもかまいません。キーワード「inset」と影の色は、これらの数値全体の前または後ろに順不同で半角スペースで区切って指定できます。

```
HTML  sample/1021/index.html
01    <p>
02    <textarea id="sample1" rows="5" cols="30">
03    </textarea>
04    </p>
05
06    <p>
07    <textarea id="sample2" rows="5" cols="30">
08    </textarea>
09    </p>
```

```
CSS  sample/1021/styles.css
01    #sample1 {
02       box-shadow: 5px 5px 10px #999;
03    }
04    #sample2 {
05       box-shadow: inset 5px 5px 10px #999;
06    }
```

box-shadowプロパティの使用例

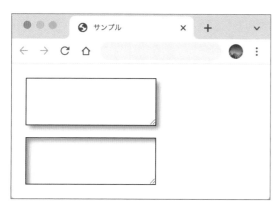

上のソースコードの表示

アウトライン

パソコンを操作していると、テキスト入力欄をクリックしたときやボタンの上にカーソルをのせたときなどに、そのまわりに線が表示されることがあります。それによって、たとえばテキスト入力欄がたくさん並んでいても、今キーボードを打つとどのテキスト入力欄に入力されるのかが一目で分かるようになっているわけです。そのような用途で使われている線が、**アウトライン**です。

アウトラインは、見た目はボーダーとよく似ていますが、ボックスの一部ではなくボックスの上に表示されます。そのため、アウトラインを表示させてもボックスの大きさが変わったり、レイアウトが崩れたりすることは一切ありません。表示される位置は、ボックスのボーダーのまわり（外側）となります。また、ボーダーのように上下左右を別々に指定することはできず、上下左右の線種・太さ・色は常に同じになります。

アウトライン関連としては次のプロパティが用意されています。各プロパティに指定できる値はボーダーとほぼ共通していますが、線種に「hidden」が指定できない点と、色に「invert」が指定できる点だけが異なっています。

プロパティ名	設定対象	指定できる値の数
outline-style	上下左右のアウトラインの線種	1
outline-width	上下左右のアウトラインの太さ	1
outline-color	上下左右のアウトラインの色	1
outline	上下左右のアウトラインの線種と太さと色	線種／太さ／色

アウトラインを設定するプロパティ。「線種／太さ／色」には半角スペースで区切って順不同で必要な値を指定できる。指定しない値は初期値となる

outline-style に指定できる値

- **none**
  アウトラインを表示しません。
- **solid**
  アウトラインの線種を実線にします。
- **double**
  アウトラインの線種を二重線にします。
- **dotted**
  アウトラインの線種を点線にします。

- **dashed**
  アウトラインの線種を破線にします。
- **groove**
  アウトラインの線自体が溝になっているようなボーダーにします。
- **ridge**
  アウトラインの線自体が盛り上がっているようなボーダーにします。
- **inset**
  アウトラインの内側の領域全体が低く見えるようなボーダーにします。
- **outset**
  アウトラインの内側の領域全体が高く見えるようなボーダーにします。

outline-width に指定できる値

- **単位つきの実数**
  アウトラインの太さを単位つきの実数（5pxなど）で指定します。
- **thin, medium, thick**
  「細い」「中くらい」「太い」という意味のキーワードで指定できます（実際に表示される太さはブラウザによって異なります）。

outline-color に指定できる値

- **色**
  色の書式に従って任意のアウトラインの色を指定します。
- **invert**
  反転させた色にします。

outline に指定できる値

- **outline-styleの値**
  outline-styleに指定できる値が指定できます。
- **outline-widthの値**
  outline-widthに指定できる値が指定できます。
- **outline-colorの値**
  outline-colorに指定できる値が指定できます。

```
HTML   sample/1022/index.html

01   <p>
02   <textarea rows="7" cols="40">
03   </textarea>
04   </p>


CSS   sample/1022/styles.css

01   textarea:focus {
02     outline: 3px solid #6cf;
03     box-shadow: 0 0 15px 5px #6cf;
04   }
```

outlineプロパティの使用例

上のソースコードを表示させたところ（何も操作していない状態）

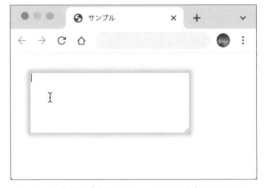

テキスト入力欄の内部をクリックすると水色のアウトライン（と水色の影）が表示される

3 テーブル関連の要素

ここからはテーブル（表）のマークアップの仕方について説明していきます。

テーブルを構成する要素

テーブルの構造は、HTMLの中ではもっとも複雑です。とはいえ、基本的な構造でいえば、リストの構造にさらにもう一種類の要素が加わっている程度のものです。まずはシンプルな基本構造から順に覚えていきましょう。

テーブルを作成するには、まずその全体を**table要素**のタグで囲います。その中にはテーブルのセルが入るのですが、その内容が縦列または横列の見出しであるセルは**th要素**（table header cell）としてマークアップし、その内容がデータであるセルは**td要素**（table data cell）としてマークアップします。そして、各セルは横一列ごとに**tr要素**（table row）でグループ化します。これがHTMLのテーブルの基本構造です。

HTMLのテーブルの基本構造

table要素

はじめに、テーブルの基本構造をマークアップした例を示します。一般的なブラウザでは、HTMLで
テーブルをマークアップしただけではボーダーは表示されません。ボーダーを表示させるには、CSS
で表全体（table要素）とセル（th要素とtd要素）に対してそれぞれボーダーを指定する必要があ
ります。

```html
HTML  sample/1030/index.html

01  <table>
02  <tr><th>セル1</th><th>セル2</th><th>セル3</th></tr>
03  <tr><td>セル4</td><td>セル5</td><td>セル6</td></tr>
04  <tr><td>セル7</td><td>セル8</td><td>セル9</td></tr>
05  </table>
```

```css
CSS  sample/1030/styles.css

01  table, th, td {
02    border: 1px solid black;
03  }
```

テーブルの基本構造のマークアップ例

上のソースコードを表示させたところ

th要素とtd要素

th要素とtd要素には、次の属性が指定できます。colspan属性とrowspan属性は共通して使用で
きる属性で、セルを連結させる際に使用します（具体的な使用方法はこのあとのサンプルで説明しま
す）。

th要素に指定できる属性

- **colspan="連結させるセルの数"**
  この属性を指定したセルから右方向にいくつ分のセルを連結するのかを、1以上の整数で指定します。
- **rowspan="連結させるセルの数"**
  この属性を指定したセルから下方向にいくつ分のセルを連結するのかを、1以上の整数で指定します。
- **headers="このセルの見出しセルのid"**
  このセルの見出しとなっているセルが音声ブラウザなどでも明確に分かるようにする目的で、見出しとなっているセルに指定されているid属性の値を指定します。id属性の値は半角スペースで区切って複数指定することができます。
- **scope="この見出しセルの対象"**
  この見出しセルの対象となっているセルの範囲を示すキーワードを指定します。指定できるキーワードは以下の通りです。

キーワード	見出しの対象となるセルの範囲
row	この見出しセルの右にあるセル全部
col	この見出しセルの下にあるセル全部
rowgroup	この見出しセルの右以降にある同じ横列グループ（thead要素・tbody要素・tfoot要素）のセル
colgroup	この見出しセルの下以降にある同じ縦列グループ（colgroup要素）のセル

td要素に指定できる属性

- **colspan="連結させるセルの数"**
  この属性を指定したセルから右方向にいくつ分のセルを連結するのかを、1以上の整数で指定します。
- **rowspan="連結させるセルの数"**
  この属性を指定したセルから下方向にいくつ分のセルを連結するのかを、1以上の整数で指定します。
- **headers="このセルの見出しセルのid"**
  このセルの見出しとなっているセルが音声ブラウザなどでも明確に分かるようにする目的で、見出しとなっているセルに指定されているid属性の値を指定します。id属性の値は半角スペースで区切って複数指定することができます。

セルを連結させる

colspan属性は、そのセルから右側に向かって、指定した数のセルを連結します。同様に、**rowspan属性**は、そのセルから下側に向かって、指定した数のセルを連結します。これに関しては文章で説明しても分かりにくいので、具体的なサンプルのソースコードで確認してみましょう。

実際には「連結する」というよりも、colspan属性またはrowspan属性を指定したセルが、指定された分だけ拡張されて大きくなると言った方が正しいかもしれません。なぜなら、セルが拡張されることによって表示される場所がなくなったセルのタグは、ソースコードから取り除く必要があるからで

す。たとえば以下のHTMLのソースコードにおいて、上のテーブルではセル2とセル3の要素が取り除かれています。同様に、下のテーブルではセル6とセル9の要素が取り除かれています。

```
HTML  sample/1031/index.html
01    <table>
02    <tr><th colspan="3">セル1</th></tr>
03    <tr><td>セル4</td><td>セル5</td><td>セル6</td></tr>
04    <tr><td>セル7</td><td>セル8</td><td>セル9</td></tr>
05    </table>
06
07    <table>
08    <tr><th>セル1</th><th>セル2</th><th rowspan="3">セル3</th></tr>
09    <tr><td>セル4</td><td>セル5</td></tr>
10    <tr><td>セル7</td><td>セル8</td></tr>
11    </table>
```

colspan属性とrowspan属性を使用したマークアップ例

上のサンプルの表示結果

テーブルにキャプションをつける

テーブルには、キャプション（タイトル）をつけることができます。キャプションは**caption要素**としてマークアップし、<table>～</table>の範囲内の先頭に入れます。

表の横列をグループ化する

また、tr要素はテーブル内のヘッダー／データ本体／フッターのいずれかとしてグループ化することができます。その際に使用するのが、thead要素（table header）・tbody要素（table body）・tfoot要素（table footer）です。これらの要素を使用する場合、次に示すサンプルのようにthead要素・tbody要素・tfoot要素の順で配置する必要があります。

```
01    <table>
02    <caption>キャプション</caption>
03    <thead>
04    <tr><th>セル01</th><th>セル02</th><th>セル03</th></tr>
05    </thead>
06    <tbody id="tb1">
07    <tr><td>セル04</td><td>セル05</td><td>セル06</td></tr>
08    <tr><td>セル07</td><td>セル08</td><td>セル09</td></tr>
09    </tbody>
10    <tbody id="tb2">
11    <tr><td>セル10</td><td>セル11</td><td>セル12</td></tr>
12    <tr><td>セル13</td><td>セル14</td><td>セル15</td></tr>
13    </tbody>
14    <tfoot>
15    <tr><td>セル16</td><td>セル17</td><td>セル18</td></tr>
16    </tfoot>
17    </table>
```

CSS sample/1032/styles.css

```
01    table, th, td {
02      border: 1px solid black;
03    }
04
05    thead th, tfoot td {
06      color: #fff;
07      background: #bbb;  /* グレー */
08    }
09    tbody#tb1 td {
10      color: #fff;
11      background: #fc0;  /* 黄色 */
12    }
13    tbody#tb2 td {
14      color: #fff;
15      background: #390;  /* 緑 */
16    }
```

caption要素およびthead要素・tbody要素・tfoot要素を使用した例

キャプション		
セル01	セル02	セル03
セル04	セル05	セル06
セル07	セル08	セル09
セル10	セル11	セル12
セル13	セル14	セル15
セル16	セル17	セル18

上のサンプルの表示結果

テーブル関連のプロパティ

第10章 4

続いてテーブルに関連するCSSプロパティについて説明していきます。

隣接するボーダーを1本の線にする

一般的なブラウザでテーブルを表示させると、テーブル全体のボーダーのほかに各セルのボーダーが
それぞれ独立したボーダーとして個別に表示されます。

border-collapseプロパティを使用すると、それぞれの隣接するボーダーをまとめて1本の線にして
表示させることができます。

border-collapse に指定できる値

- **collapse**
  テーブルの隣接するボーダーはすべてまとめて1本にして表示させます。

- **separate**
  テーブル全体のボーダーと各セルのボーダーをそれぞれ独立したものとして別々に表示させます。

```
HTML  sample/1040/index.html

01  <table id="sample1">
02  <caption>collapse</caption>
03  <tr><th>セル1</th><th>セル2</th><th>セル3</th></tr>
04  <tr><td>セル4</td><td>セル5</td><td>セル6</td></tr>
05  <tr><td>セル7</td><td>セル8</td><td>セル9</td></tr>
06  </table>
07
08  <table id="sample2">
09  <caption>separate</caption>
10  <tr><th>セル1</th><th>セル2</th><th>セル3</th></tr>
11  <tr><td>セル4</td><td>セル5</td><td>セル6</td></tr>
12  <tr><td>セル7</td><td>セル8</td><td>セル9</td></tr>
13  </table>
```

```
CSS  sample/1040/styles.css
01  table {
02    float: left;
03    border: 5px solid #999;
04  }
05  th, td {
06    padding: 0.2em;
07    border: 3px solid #ccc;
08  }
09  table#sample1 {
10    border-collapse: collapse;
11  }
12  table#sample2 {
13    border-collapse: separate;
14    margin-left: 8px;
15  }
```
border-collapseプロパティの使用例

上のソースコードの表示結果

キャプションをテーブルの下に表示させる

caption-sideプロパティを使用すると、通常はテーブルの上に表示されるキャプションを、テーブルの下に表示させることができます。

caption-side に指定できる値

- **top**
  キャプションをテーブルの上に表示させます。

- **bottom**
  キャプションをテーブルの下に表示させます。

HTML　sample/1041/index.html

```
01  <table>
02  <caption>キャプション</caption>
03  <tr><th>セル1</th><th>セル2</th><th>セル3</th></tr>
04  <tr><td>セル4</td><td>セル5</td><td>セル6</td></tr>
05  <tr><td>セル7</td><td>セル8</td><td>セル9</td></tr>
06  </table>
```

CSS　sample/1041/styles.css

```
01  table, th, td {
02    border: 1px solid black;
03  }
04
05  caption {
06    caption-side: bottom;
07  }
```

caption-sideプロパティの使用例

上のソースコードの表示結果

その他の機能と
テクニック

ここまでで、従来から使われてきた主要な機能は
ほぼ解説しましたが、覚えておくべきことはもう
少しあります。第11章では、ここまでに登場し
なかった要素とプロパティの解説のほか、画像の
横にテキストを回り込ませる方法、CSSでコンテ
ンツを追加する方法、スマートフォンの画面に対
応させる方法などについて解説します。

第11章

1

その他の要素

ここでは、第10章までには登場しなかったけれど覚えておいた方がよい要素を
いくつか紹介しておきます。

主題の変わり目

hr要素の「hr」は「horizontal rule（横罫線）」の略で、もともとは単純に横線を表示させるだけの
空要素でした。しかしHTML5からはその役割が変更され、線を表示させることが目的なのではなく、
その部分で話題（または物語の場面など）が変わっていることを示すことが目的の要素となりました。
とはいっても、セクションレベルでの大きな主題の変わり目で使用するのではなく、段落レベルでの
小さな変わり目に使用することが想定されています。

このように役割は変更されましたが、現在でも一般的なブラウザにおいては横線として表示されるこ
とに変わりはありません。

```
HTML  sample/1110/index.html
01  <p>
02     僕はhr要素の「エイチ・アール」は何の略なのか先輩に聞いてみた。「ヘアライン」だと先輩は言っ
       た。それなら「エイチ・エル」にならないですか、と僕は聞き返した。先輩は無表情で僕の顔を三秒
       ほど見つめてから、そんなこと気にしてないで自分のヘアラインが後退しないように気楽に生きた方
       がいいぞ、と言った。その話はそれで終わった。
03  </p>
04  <hr>
05  <p>
06     翌日の午後、今度はul要素の「ユー・エル」が何の略であるのか尋ねてみた。先輩はパソコンの画
       面を見つめたままで「ウルサイ」の略だ、と言った。そして「そんなことぐらい自分で調べるもんだ
       ぞ。ほら、そこに『よくわかるHTML＋CSSの教科書』があるだろう。その本にはちゃんと書いてあ
       るから、しっかり読んだ方がいいぞ」と続けた。
07  </p>
```

hr要素の使用例。この例では、場面が変わる部分で使用している

僕はhr要素の「エイチ・アール」は何の略なのか先輩に聞いてみた。「ヘアライン」だと先輩は言った。それなら「エイチ・エル」にならないですか、と僕は聞き返した。先輩は無表情で僕の顔を三秒ほど見つめてから、そんなこと気にしてないで自分のヘアラインが後退しないように気楽に生きた方がいいぞ、と言った。その話はそれで終わった。

翌日の午後、今度はul要素の「ユー・エル」が何の略であるのか尋ねてみた。先輩はパソコンの画面を見つめたままで「ウルサイ」の略だ、と言った。そして「そんなことぐらい自分で調べるもんだぞ。ほら、そこに『よくわかるHTML+CSSの教科書』があるだろう。その本にはちゃんと書いてあるから、しっかり読んだ方がいいぞ」と続けた。

前ページのソースコードを表示させたところ

追加と削除

ins要素はあとから追加された部分（inserted text）、**del要素**はあとから削除された部分（deleted text）をあらわす要素です。一般的なブラウザでは、ins要素は下線付きの状態で、del要素は取消線が引かれた状態で表示されますが、表示方法についてはCSSで自由に変更できます。これらの要素は、インラインの範囲にでもブロックレベルの範囲にでもマークアップできます。次の属性が指定できます。

ins要素・del要素に指定できる属性

- **cite="ファイルのURL"**
  追加・削除した理由等が書かれているページのURLを指定します。

- **datetime="変更した日時"**
  追加・削除した日時（時間はなくても可）を「2022-09-15」や「2022-09-15 11:30」といった書式で指定します。仕様上はこのほかのさまざまな書式も用意されていて、「2022-09-15T11:30」のように日付と時間の間を大文字の「T」で区切ったり、「2022-09-15 11:30:55+09:00」のようにタイムゾーンを付加することなどができます。

```
HTML  sample/1111/index.html
01  <h1>To Do リスト</h1>
02
03  <ul>
04  <li>『よくわかるPHPの教科書』を購入</li>
05  <li><del datetime="2022-08-06">『よくわかるHTML＋CSSの教科書』の原稿執筆</del>
    </li>
06  <li><ins datetime="2022-09-15">『CSS3妖怪図鑑』の原稿執筆</ins></li>
07  </ul>
```

ins要素とdel要素の使用例

上のソースコードを表示させたところ

スクリプト

script要素は、HTMLにスクリプトを組み込むための要素です。

CSSの場合は、要素内容としてCSSを書き込むならstyle要素、CSSのファイルを読み込むならlink要素と使い分けが必要でしたが、script要素の場合はこれだけで要素内容としてスクリプトを書き込むことも外部のファイルを読み込むことも可能です。

ただし、要素内容としてスクリプトを書き込むことができるのは、src属性を指定していない場合に限られます。src属性を指定した場合は、要素内容は空にしておかなければなりません（コメントによる注意書きなどは入れられます）。

script要素には次の属性が指定できます。

script要素に指定できる属性

- **src="ファイルのURL"**
  スクリプトを記述したファイルのURLを指定します。


```HTML
01   <script src="js/example.js"></script>
02
03   <script>
04      ～スクリプト～
05   </script>
```

スクリプトは、このいずれかのパターンで記述する

スクリプトが動作しない環境向けには

スクリプトはすべてのユーザーの環境で動作するわけではありません。そのようなスクリプトが動作しない環境向けの内容を別途用意しておきたい場合には、**noscript要素**を使用します。この要素の要素内容は、スクリプトが動作する環境では無視されますが、動作しない環境においては有効となります。

インラインフレーム

iframe要素を使用すると、Webページの中に別のWebページをインラインの状態で表示させることができます（iframeはinline frameの略です）。
要素内容は、インラインフレームが表示できないときに限り表示されます。この要素は、YouTubeの動画や一部の広告などをWebページに組み込む際に利用されています。

iframe要素に指定できる属性

- **src="ページのURL"**
  インラインフレームの中に表示させるページのURLを指定します。
- **width="幅"**
  インラインフレームの幅をピクセル数（単位をつけない整数）で指定します。
- **height="高さ"**
  インラインフレームの高さをピクセル数（単位をつけない整数）で指定します。
- **name="フレーム名"**
  インラインフレームの名前を指定します。この名前は、リンク先を表示させるフレームとしてa要素のtarget属性の値などで指定できます。

HTML (index.html) sample/1112/index.html

```
01  ・・・
02  <body>
03
04  <iframe src="index-2.html" width="250" height="150">
05  </iframe>
06
07  </body>
08  </html>
```

HTML (index-2.html) sample/1112/index-2.html

```
01  ・・・
02  <body style="background: steelblue">
03
04  <p>
05  これは「index-2.html」の内容です。このページは、body要素にstyle属性を指定して、背景を
    青くしています。
06  </p>
07
08  </body>
09  </html>
```

上の「index.html」を表示させたところ。
インラインフレームの内容として「index-2.html」が表示されている

その他のプロパティ

よく使われる主要なプロパティについてはほぼ説明してきましたが、覚えておいた方が良いプロパティはほかにもあります。ここでは、かつては段組のために使用されていた**float**プロパティと**clear**プロパティのほか、少々特殊な機能を持ったいくつかのプロパティを紹介しておきます。

フロートの基本

フロートとは、**float プロパティ**によって、ある要素を左または右に寄せて配置し、その反対側に後続の要素が回り込むようにした状態のことを言います。float プロパティはインライン要素を含むほとんどの要素に指定でき、フロートの状態になるとインライン要素であってもそのボックスはブロックレベルのボックスになります。指定できる値は次の通りです。

float に指定できる値

- **left**
  左側に要素を寄せて配置し、その右側に後続の要素を回り込ませます。
- **right**
  右側に要素を寄せて配置し、その左側に後続の要素を回り込ませます。
- **none**
  フロートしていない通常の状態にします。

このプロパティのごく基本的な使い方として、画像の横にテキストを回り込ませる例を示します。

```
HTML sample/1120/index.html
01  <p id="p1">
02  <img src="images/photo.jpg" alt="サンプル画像">
03  １つめの段落のテキストです。このテキストが画像の横に回り込みます。このテキストが画像の横に
    回り込みます。
04  </p>
05
06  <p id="p2">
07  ２つめの段落のテキストです。このテキストが画像の横に回り込みます。このテキストが画像の横に
    回り込みます。
08  </p>
```

```
09
10    <p id="p3">
11    <img src="images/photo.jpg" alt="サンプル画像">
12    ３つめの段落のテキストです。このテキストが画像の横に回り込みます。このテキストが画像の横に
      回り込みます。
13    </p>
14
15    <p id="p4">
16    ４つめの段落のテキストです。このテキストが画像の横に回り込みます。このテキストが画像の横に
      回り込みます。
17    </p>
```

CSS sample/1120/styles.css

```
01    #p1 img { float: right; }
02    #p3 img { float: left; }
```

1つめのimg要素を右、2つめのimg要素を左にフロートさせている例

画像はそれぞれ右と左に寄せて配置され、その横にテキストが回り込んでいる

フロートの解除

しかし、ウィンドウの幅を少し広くしてみると、下の図のように最初の2つの段落の行数が減り、2つめの画像の位置が右の写真の下部を越えてどんどん上にあがってきてしまいます。

ウィンドウの幅を広くすると、下の画像がどんどん上にあがってくる

状況によってはこれでも問題ないかもしれませんが、2つめの画像と3段落目のテキストは常に1つめの画像よりも下に表示させたい場合もあるでしょう。そのような場合に使用するのが、指定した要素の直前でフロートを解除する**clearプロパティ**です。次の値が指定できます。

clearに指定できる値

- **left**
  この要素よりも前で「float: left;」が指定されているフロートを、この要素の直前で解除します。
- **right**
  この要素よりも前で「float: right;」が指定されているフロートを、この要素の直前で解除します。
- **both**
  この要素よりも前で指定されている左右両側のフロートを、この要素の直前で解除します。
- **none**
  フロートに解除せずにそのままにします。

clearプロパティは、ブロックレベル要素にしか指定できない点に注意してください。
次のサンプルは、先程のサンプルの3段落目にclearプロパティを指定して右側のフロートを解除している例です。

```
HTML  sample/1121/index.html

01   <p id="p1">
02   <img src="images/photo.jpg" alt="サンプル画像">
03   1つめの段落のテキストです。このテキストが画像の横に回り込みます。このテキストが画像の横に
     回り込みます。
04   </p>
05
06   <p id="p2">
07   2つめの段落のテキストです。このテキストが画像の横に回り込みます。このテキストが画像の横に
     回り込みます。
08   </p>
09
10   <p id="p3">
11   <img src="images/photo.jpg" alt="サンプル画像">
12   3つめの段落のテキストです。このテキストが画像の横に回り込みます。このテキストが画像の横に
     回り込みます。
13   </p>
14
15   <p id="p4">
16   4つめの段落のテキストです。このテキストが画像の横に回り込みます。このテキストが画像の横に
     回り込みます。
17   </p>

CSS  sample/1121/styles.css

01   #p1 img { float: right; }
02   #p3 img { float: left; }
03   #p3 { clear: right; }
```

3つめのp要素にclearプロパティを指定

3つめのp要素の直前でフロートが
解除され、3段落目のテキストと左
の画像は右の画像の下から表示され
ている。このサンプルの場合は値に
rightではなくbothを指定しても同
じ表示になる

相対配置と絶対配置

positionプロパティを使用すると、通常の配置方法とは異なる「相対配置」または「絶対配置」のモードに変更することができます。

「相対配置」は通常表示される位置から指定した距離だけ位置をずらす配置方法で、「絶対配置」は指定された要素を新しいレイヤーに移動させた上でbackground-positionプロパティのように表示位置を指定できる配置方法です。

いずれの配置モードでも、表示位置はtop、bottom、left、rightという4つのプロパティのうちのいずれかを使用して指定します。まずはこれらに指定できる値を確認してから、それぞれのサンプルで具体的にどう表示されるのかを確認してみましょう。

positionに指定できる値

- **static**
  通常の配置モードにします。top、bottom、left、rightの各プロパティは、このモードでは無効となります。

- **relative**
  相対配置モードにします。このモードで配置位置を移動させても、他の要素の配置位置には一切影響を与えません。

- **absolute**
  絶対配置モードにします。この値が指定された要素は、元のレイヤーから取り除かれた状態となり、別の新しいレイヤーに配置されます。

- **fixed**
  固定配置モードにします。固定配置は絶対配置の一種ですが、位置指定の基準がbackground-attachmentプロパティと同様にページ全体となり、スクロールしても動かなくなります。

top, bottom, left, rightに指定できる値

- **単位つきの実数**
  表示位置を単位つきの実数で指定します。

- **パーセンテージ**
  表示位置を基準となるボックスに対するパーセンテージで指定します。

- **auto**
  状態に応じて自動的に調整します。

相対配置と絶対配置の表示例

では、これから相対配置と絶対配置をさせるサンプルの元の状態を見てみましょう。この段階ではまだCSSは指定していません。div要素の中にimg要素を3つ入れてあるだけです。ちなみに、ページ全体の上と左にある隙間は、body要素のマージン（ブラウザの初期設定）です。画像と画像の間に隙間があるのは、HTMLのソースコード上で入れてある改行が半角スペースに置き換わったもので、改行を入れなければ画像の隙間はなくなります。

```
HTML  sample/1122/index.html

01  <div>
02  <img id="pic1" alt="空の画像" src="images/sky.jpg">
03  <img id="pic2" alt="花の画像" src="images/yellow.jpg">
04  <img id="pic3" alt="草の画像" src="images/green.jpg">
05  </div>
```

相対配置と絶対配置の違いを確認するために用意されたソースコード

上のソースコードを表示させたところ。3つの画像が表示されている

● 相対配置の例

では、3つの画像のうちの真ん中の画像を相対配置にしてみましょう。
positionプロパティの値に「**relative**」※を指定し、topプロパティとleftプロパティで100pxを指定します（各画像の大きさは縦横200ピクセルです）。

※「relative」の英語での発音は「レラティブ」です（「リレイティブ」ではありません）。

```
HTML   sample/1123/index.html

01   <div>
02   <img id="pic1" alt="空の画像" src="images/sky.jpg">
03   <img id="pic2" alt="花の画像" src="images/yellow.jpg">
04   <img id="pic3" alt="草の画像" src="images/green.jpg">
05   </div>


CSS   sample/1123/styles.css

01   #pic2 {
02     position: relative;
03     top: 100px;
04     left: 100px;
05   }
```

相対配置にして、topを100ピクセル、leftを100ピクセルに指定

このCSSを適用してブラウザで表示させてみると次のようになります。まず、相対配置を指定していない要素には、まったく影響を与えていない点に注目してください。そして、真ん中の画像は100ピクセル下、100ピクセル右に移動しています。これが相対配置です。相対配置の場合、topは上から下方向への移動距離、leftは左から右方向への移動距離となるわけです。同様に、bottomは下から上方向への移動距離、rightは右から左方向への移動距離となります。

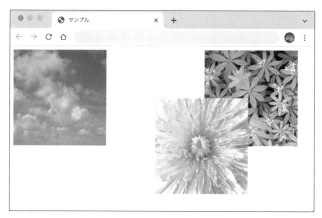

相対配置の表示結果

● 絶対配置の例

次は絶対配置です。topプロパティとleftプロパティはそのままにして、positionプロパティの値だけを「absolute」に変更して、表示がどう変わるのかを確認してみましょう。

```
HTML  sample/1124/index.html

01   <div>
02   <img id="pic1" alt="空の画像" src="images/sky.jpg">
03   <img id="pic2" alt="花の画像" src="images/yellow.jpg">
04   <img id="pic3" alt="草の画像" src="images/green.jpg">
05   </div>


CSS  sample/1124/styles.css

01   #pic2 {
02       position: absolute;  ←──── relativeからabsoluteに変更
03       top: 100px;
04       left: 100px;
05   }
```

さきほどのソースを絶対配置に変更

ブラウザで表示させてみると、絶対配置を指定していない要素にも影響があったことが分かります。絶対配置にした要素は別レイヤーに移されたため、元のレイヤーからは取り除かれた状態となり、後続の要素の表示位置が変わっているのです。さらに、絶対配置を指定した要素の配置位置も、相対配置のときとは違っています。絶対配置を指定した要素は、それを含む基準ボックスからの移動距離で配置位置を指定するものだからです。この場合の基準ボックスはページ全体（html要素）で、topはその基準ボックスの上から絶対配置を指定したボックスの上までの距離、leftは基準ボックスの左から絶対配置を指定したボックスの左までの距離となります。同様に、bottomは下からの距離、rightは右からの距離となります。なお、さらに詳細に言うと基準ボックスのパディング領域の各上下左右から、絶対配置されたボックスのマージン領域の上下左右までの距離となります。

絶対配置の表示結果

絶対配置の基準ボックスは、自分を含むボックスのうち、positionプロパティの値として「`relative`」
「`absolute`」「`fixed`」のいずれかが指定されている、もっとも近い要素がなります。そのような要
素がない場合は、html要素が基準ボックスとなります。特定の要素を基準ボックスにしたい場合は、
その要素に「`position: relative;`」を指定するだけで基準ボックスにすることができます（そ
の場合は`top`や`left`などの指定は不要です）。

相対配置または絶対配置（固定配置も含む）になっている要素は、**`z-index`**プロパティを使ってそれ
らが重なる際の順序を指定することもできます。次の値が指定できます。

z-index に指定できる値

- **整数**
  重なる順序を整数で指定します。大きい値ほど上に重なって表示されます。通常のコンテンツは0の状
  態となっています。負の値も指定できます。
- **auto**
  親要素と同じ階層にします。

見えない状態にする

displayプロパティの値として「none」を指定すると、その要素のボックスは消えてなくなりました。
visibilityプロパティを使用すると、要素自体を消すのではなく、見えないのだけれども場所は確保さ
れている状態（つまりあたかも透明になったような状態）にすることができます。

visibility に指定できる値

- **visible**
  ボックスを見える状態にします。
- **hidden**
  ボックスを見えない状態にします。

visibility プロパティの使用例

では、具体的にどうなるのかを、2つの画像を表示させたサンプルで確認してみましょう。HTMLソー
スは次の通りです。

サンプルのHTMLソース。img要素が2つあるのみ

はじめに、この状態での表示を確認しておきましょう。この段階では単純に画像が2つ並んで表示されています。

CSSを適用していない状態での表示

では、次のCSSを適用させてみましょう。

左側の画像は消えましたが、右側の画像は表示位置が変わることもなく、そのまま表示されています。

左側の画像に「visibility: hidden;」を指定

左側の画像は表示されなくなったが、右側の画像の表示位置などは一切変わっていない

はみ出る部分の表示方法を設定

overflowプロパティを使用すると、ボックスの幅や高さを指定している状態で、要素内容がボックス内に入りきらなくなってしまったときにどのように表示させるのかを設定することができます。ただし、このプロパティを適用できるのはブロックレベルの状態の要素に限ります。次の値が指定できます。

overflowに指定できる値

- **visible**
  ボックスからはみ出た部分も表示します。
- **hidden**
  ボックスからはみ出た部分は表示しません。
- **scroll**
  ボックスからはみ出た部分は表示しませんが、スクロールによってすべての内容が見られるようにします。
- **auto**
  必要に応じて（内容が入りきらなくなると）スクロール可能にします。

次のサンプルでは、幅100ピクセル・高さ100ピクセルのボックス中に、幅200ピクセル・高さ200ピクセルの画像を表示させています。overflowプロパティの値によって、次のように表示結果が変わります。

HTML sample/1127/index.html

```
01  <p id="sample1">
02  <img src="tpp.jpg" alt="タンポポの画像">
03  </p>
04  <p id="sample2">
05  <img src="tpp.jpg" alt="タンポポの画像">
06  </p>
07  <p id="sample3">
08  <img src="tpp.jpg" alt="タンポポの画像">
09  </p>
```

CSS sample/1127/styles.css

```
01  p {
02    width: 100px;
03    height: 100px;
04  }
05  #sample1 { overflow: hidden; }
06  #sample2 { overflow: scroll; }
07  #sample3 { overflow: visible; }
```

overflowプロパティの指定例

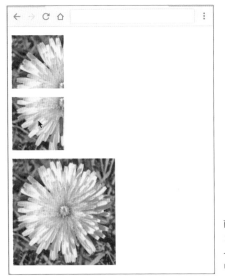

前ページのソースコードの表示結果（200×200ピクセルの画像を100×100ピクセルのボックス内に「hidden」「scroll」「visible」の順で表示させた状態）

コンテンツの追加

contentプロパティを使用すると、HTML内には存在していないコンテンツをCSSで追加することができます。コンテンツは、セレクタの**::before疑似要素**または**::after疑似要素**を使用して、指定した要素内の内容全体の直前または直後に挿入されます。

追加するコンテンツは、displayプロパティを使用してインラインにでもブロックレベルにでもできます。次の値が指定できます。

contentに指定できる値

- **テキスト**
  コンテンツとして追加するテキストを二重引用符(")または一重引用符(')で囲って指定します。

- **url(データのアドレス)**
  コンテンツとして追加するデータ（画像など）のアドレスを指定します。

- **attr(属性名)**
  このプロパティが指定された要素に、属性名で指定した属性が指定されている場合、その値をテキストとして追加します。

- **open-quote, close-quote**
  次に解説するquotesプロパティで設定されている引用符を追加します。

- **none**
  コンテンツを追加しません。

```
HTML  sample/1128/index.html

01    <h1>CSSで内容を追加する方法</h1>


CSS  sample/1128/styles.css

01    h1 {
02      font-size: large;
03    }
04    h1::before {
05      content: "特別コラム：";
06      display: block;
07      font-size: small;
08      color: #f6d;
09    }
10    h1::after {
11      content: url(sakura.jpg);
12      display: block;
13    }
```

contentプロパティの使用例

上のソースコードを表示させたところ

引用符の設定

quotesプロパティは、contentプロパティで追加する引用符（open-quote、close-quote）を指定するプロパティです。引用部分の前につける記号と後につける記号を半角スペースで区切ってペアで指定します。さらに半角スペースで区切って記号のペアを指定することで、引用が入れ子になっ

た場合に使用する記号をいくつでも指定できます（入れ子の深さに応じて、次々に右側のペアの記号が採用されます）。

quotes に指定できる値

- **文字列**
  引用符として使用する記号を半角スペースで区切ってペアで指定します。さらに半角スペースで区切ってペアを指定しておくと、引用が入れ子になった場合の引用符として使用されます。

- **none**
  引用符を表示しません。

```
HTML  sample/1129/index.html

01    <p>
02    知り合いのライターさんに確認してみたところ、<q>よくある実用書的な本には<q>日本語の引用符
      にはカギカッコを用いる</q>と書かれている</q>とのことだった。
03    </p>
```

```
CSS  sample/1129/styles.css

01    q::before { content: open-quote; }
02    q::after  { content: close-quote; }
03    q { quotes: "「" "」" "『" "』"; }
```

quotesプロパティの使用例

上のソースコードを表示させたところ

スマートフォンの画面に対応させる

第11章
3

スマートフォンでも適切に表示させるための特別な指定を追加していないWebページは、スマートフォンで閲覧するとコンテンツが妙に小さく表示されたり、画像がぼやけて表示されたりします。ここでは、そのようになってしまう理由を解説し、意図したとおりに表示させるための指定方法を学習します。

Webページが小さく表示される理由とその対処法

はじめに、メディアクエリーを使って大きな画面向けと小さな画面向けの異なるCSSを1つのWebページに適用している例を見てみましょう。

次のサンプルでは、表示領域の幅が1,000ピクセル以上のときにはコンテンツ（h1要素）の幅と高さを1000pxにして、表示領域の幅が999ピクセル以下のときはコンテンツの幅と高さを375pxにしています。h1要素にはbox-sizingプロパティが指定されており、その値が「border-box」となっているため、ボーダーまでを含めた範囲が指定した幅と高さに設定されます。また、contentプロパティを使用して、その状態での幅がテキストで表示されるようにもなっています。

```
HTML  sample/1130/index.html

01   <h1>幅：</h1>
```

```
CSS  sample/1130/styles.css

01   body {
02     margin: 0;
03   }
04   h1 {
05     margin: 0 auto;
06     padding: 0.5em;
07     box-sizing: border-box;
08     border: 20px solid #ddd;
09     color: #fff;
10     background-color: #936;
11   }
12   @media screen and (min width: 1000px) {    /* 1000px以上のとき */
13     h1 {
14       width: 1000px;
```

```
15        height: 1000px;
16      }
17      h1::after {
18        content: "1,000ピクセル";
19      }
20    }
21    @media screen and (max-width: 999px) {      /* 999px以下のとき */
22      h1 {
23        width: 375px;
24        height: 375px;
25      }
26      h1::after {
27        content: "375ピクセル";
28      }
29    }
```

表示領域の幅が1,000ピクセル以上か未満かで適用されるCSSを切り替える例

このサンプルをブラウザで表示させ、ウィンドウの幅を広くしたり狭くしたりしてみると次のように
なります。

ウィンドウの幅が1,000ピクセルよりも狭くなると、適用されるCSSが瞬時に切り替わり、表示は一
瞬で変化します。幅の狭い状態から広くしたときも同様です。

ウィンドウの幅を1,000ピクセル以上にした状態

ウィンドウの幅を999ピクセル以下
にした状態

パソコンのブラウザではメディアクエリーは問題なく機能し、指定したとおりの表示結果が得られま
した。

同じサンプルをスマートフォンで表示させるとどうなるか

では次に、前ページのサンプルをスマートフォンで表示させるとどうなるかを確認してみましょう。実を言うと、前のサンプルで表示領域の幅が999ピクセル以下のときのコンテンツの幅を375pxにしたのは、iPhone Xや iPhone 11 Proなどの画面の幅がそのサイズだからなのです(つまりそれらのiPhoneで見るとコンテンツが横幅ぴったりで表示されるはずです)。

ところが、実際にiPhone 11 Proで表示させてみると、右のようになりました。本来なら画面の幅いっぱいに、ぴったりのサイズで表示されるはずのコンテンツが、何もしていないのにこのように小さく表示されてしまったのです。何が原因でこのようになるのでしょうか?

前ページのサンプルをiPhone 11
Proで表示させたところ。何もしていないのに縮小表示される

スマートフォンでは幅980ピクセル分が縮小表示される

実はほとんどのスマートフォンのブラウザは、実際の表示領域の幅に合わせて表示するのではなく、表示領域の幅が980ピクセルあるものとしてWebページを表示させます(結果としてWebページはパソコンで見たときと同様のものが縮小表示されることになります)。

もしこのような仕組みになっていなければ、スマートフォン向けに作られていない(パソコンで見ることを前提として作られた)Webページを見た場合は、まず最初にページ左上のごく一部(幅300〜400ピクセル分)しか表示されないことになります。レイアウトによってはサイトのロゴやナビゲーションの一部くらいは見えるかもしれませんが、そのページの大部分は見えない状態になっているはずです。ページ全体の内容を把握したいユーザーの多くは、結局は画面を縮小して全体を確認することになるでしょう。でもそうであれば、最初から縮小された状態で全体を示した方がユーザーにとっ

第
11
章

ては利便性が高いということになります。

現在作られているWebページの多くはスマートフォン向けのレイアウトも用意されていますが、スマートフォンが登場した当時はそのようなサイトはほとんどなく、現在でもスマートフォン向けのレイアウトが用意されていないページは存在しています。そのようなサイトでも無駄な操作をすることなく閲覧できるようにするために、スマートフォンのブラウザの多くは最初からページ全体を縮小して表示する仕様になっているわけです。

縮小しないで実サイズで表示させる方法

しかしそのような仕様になっていると、スマートフォン向けのレイアウトを用意しているWebページでは逆に困ってしまうことになります。せっかくスマートフォンの幅に合わせて作成したレイアウトまでもが縮小表示されてしまうからです。そこでWebページを最初から実寸で表示させることも可能となるように、表示させる幅や拡大縮小率などをmeta要素で設定できるようになっています（これは元々はAppleのSafariの仕様でしたが、現在では多くのブラウザがサポートしています）。

```HTML
<meta name="viewport" content="width=幅, initial-scale=拡大縮小">
```

```HTML
<meta name="viewport" content="width=375, initial-scale=1.0">
```

初期状態での幅や拡大縮小率を指定するmeta要素の書式。この例では初期状態で幅375ピクセル分を表示させ、拡大縮小率は1.0（拡大も縮小もしていない状態）に設定している

初期状態の幅は、上のようにピクセル数で指定することも可能ですが、スマートフォンの画面の幅は機器ごとに異なっています。

そこで、「その機器ごとの画面の幅のピクセル数にする」という意味のキーワード「`device-width`」も指定できるようになっています。

```HTML sample/1131/index.html
<meta name="viewport" content="width=device-width, initial-scale=1.0">
```

「device-width」というキーワードを指定すると、機器ごとの幅で（つまり実寸で）表示されるようになる

このmeta要素の指定を最初のサンプルに加えることで、iPhone 11 Proでの表示結果は次のように変わります。

最初のサンプルに前ページのmeta要素を加えた
あとの表示結果。横幅ピッタリで表示されている

出力先に合わせて異なるサイズの画像を表示させる方法

従来のパソコン画面の解像度は長いあいだ96ppi[1]程度でした。ところが、2010年にAppleが発表した iPhone 4の画面（Retinaディスプレイ）の解像度は、一気にその倍以上になりました[2]。そしてそれ以降、さらに高い解像度の機器もどんどん登場しています（パソコンのディスプレイでも同様に高解像度のものが増えています）。

写真をきれいに印刷するには、96ppiの画面で見るときに必要となるサイズよりも大きな画像が必要になるのと同じ理屈で、高解像度の画面で画像をきれいに表示させる場合にも大きな画像が必要となります。

話をわかりやすくするため、従来からの画面を100ppi、高解像度の画面を200ppiとして考えてみましょう。100ppiの画面にある物理的なピクセルと200ppiの画面にある物理的なピクセルの大きさは右の図のようになります。

100ppiと200ppiの画面の物理的なピクセルの比較

※1　ppiはpixel per inchの略です。したがって96ppiとは、1インチの幅に物理的なピクセルが96個入っている画面ということになります。この場合、ピクセル1つの大きさは1/96インチです。

※2　画面の物理的な1ピクセルの大きさは一般に、近くで見るために作られた画面ほど小さく、遠くで見るための画面ほど大きくなります。そのため、基本的にスマートフォンの1ピクセルはパソコン画面の1ピクセルよりも小さいので、それらを単純に比較することはできません。実際のところ、パソコン画面の解像度とスマートフォンの画面の解像度を比較すると、スマートフォンの解像度は数字の上では2倍をはるかに越えて、3倍以上となっています。

解像度（ppiで示す数値）が2倍になると、1つの物理的なピクセルの大きさは半分になり、必要なピクセル数は縦横2倍になります。

ここで、縦横2ピクセルのビットマップ画像があったとします。100ppiの画面では、画像の1ピクセルをそのまま画面のピクセルにあてはめて表示するだけでOKです。しかし200ppiの画面では、1ピクセルをそのまま画面のピクセルにあてはめて表示させると、表示される画像の大きさが半分になってしまいます。100ppiの画面と同じ大きさで表示させるには、元の画像を引き延ばすなどして足りないピクセル分のデータを補わなければなりません。結果として、画像からはシャープさが失われ、ぼやけたような状態で表示されることになります。

このことから、もし200ppiの画面できれいに表示させようと思ったら、縦横2倍のサイズの（縦横4ピクセルの）画像が必要となることがわかると思います。300ppiできれいに表示させるのなら、同様に縦横3倍の画像が必要となります。

100ppiの画面を基準として考えた場合、この200ppiの画面は「ピクセル密度が2倍」であるとも表現します。300ppiであれば「ピクセル密度は3倍」となります。この「ピクセル密度」という用語は、このあとに説明する属性を指定する際にも登場しますので、しっかりと覚えておいてください。

スマートフォンでの画像表示の確認

それでは、ピクセル密度が2倍の画面において、通常サイズの画像と縦横2倍サイズの画像が具体的にどのように表示されるのかを見てみましょう。

```
HTML  sample/1132/index.html
01  <p>
02  <img src="logo200.png" width="200" height="100" alt="">  <!-- 200×100の画像 -->
03  </p>
04  <p>
05  <img src="logo400.png" width="200" height="100" alt="">  <!-- 400×200の画像 -->
06  </p>
```

200×100ピクセルの画像（logo200.png）と400×200ピクセルの画像（logo400.png）を、どちらも200×100ピクセルの大きさで表示させている例

このサンプルをiPhone 11 Proで表示させると次のようになります。上が200×100ピクセルの画像で、下が400×200ピクセルの画像です。2つを比較してみると、上の画像の方が輪郭がぼやけていることがわかります。

2倍サイズではない上のロゴ画像はぼやけた状態となっている

ピクセル密度に合った画像だけを読み込ませる方法

それでは、img要素で指定する画像は常に2倍サイズのものを使用すればいいのかと言えば、そういうわけでもありません。たとえばiPhone 11のピクセル密度は2倍ですし、iPhone 11 Proなら3倍です。それらを考慮に入れるのであれば、img要素には3倍サイズの画像を指定することになります。しかし、もしそのようにすれば、ピクセル密度が3倍よりも小さい機器のユーザーは、常に不必要に大きな画像データを無駄に読み込まされることになります。

そのような問題を解決するために、HTML 5.1からはimg要素に新しく**srcset属性**が追加されました。これを使用することで、ピクセル密度別に用意した大きさの異なる画像をカンマ区切りで列挙して指定できます。そして、そのWebページを表示させる機器のピクセル密度に合った画像だけを読み込ませることができるのです。

srcset属性には、値として「**画像のURL**」を指定するだけでなく、半角スペースで区切って「その画像が何倍のピクセル密度向けであるのか」も示します。ピクセル密度は数値に半角小文字の「**x**」をつけてあらわします。「2x」や「3x」のほか、「2.5x」のように小数を指定することもできます。srcset属性には、このようなURLとピクセル密度を示す書式のセットをカンマで区切っていくつでも指定できます。

```
<img src="1倍画像URL" srcset="画像URL ピクセル密度x, 画像URL ピクセル密度x, 画像URL
ピクセル密度x, … " alt="~">
```

sample/1133/index.html

```
<img src="logo200.png" srcset="logo400.png 2x, logo600.png 3x" width="200"
height="100" alt="サンプルロゴ">
```

srcset属性の書式と指定例

このとき、ピクセル密度が1倍の画像については、これまで通りsrc属性の方に指定します。こうすることで、srcset属性に未対応のブラウザでも、最低限ピクセル密度1倍の画像は表示できることになります。

上のサンプルをiPhone 11 Proで表示させたところ

ピクセル密度ではなく画像サイズを指定する方法

srcset属性では、「2x」や「3x」といったピクセル密度を指定する代わりに、「800w」や「1200w」のようにして画像の実際の幅（ピクセル数）を指定することもできます。img要素にはwidth属性がありますが、width属性はあくまでも何ピクセルの幅で表示させるのかを指定する属性です。それに対してsrcset属性では**画像の実サイズの横幅**を指定します。これによって、ブラウザは画像ファイルを読み込むことなく画像の幅がわかるようになり、複数用意された画像のうちどれを使うのが最適なのか判断できるようになります。この方法は主に、画像の表示サイズが可変である場合に使用されます。

`HTML`

```
<img srcset="画像URL  画像の幅w, 画像URL  画像の幅w, 画像URL  画像の幅w, …"
 sizes="単位付きの表示幅" src="画像URL" alt="〜">
```

`HTML` sample/1134/index.html

```
<img srcset="small.jpg 500w, medium.jpg 800w, large.jpg 1200w"
 sizes="100vw" src="small.jpg" alt="写真：夕暮れ">
```

---

srcset属性の別の書式と指定例

「2x」のようにピクセル密度を指定した場合は、1倍の画像のみsrc属性に指定しました。しかし「800w」のように画像の実際の幅を指定する場合には、用意してあるすべての画像をsrcset属性に指定する必要があります。src属性には「800w」のような幅は記述できないからです。そこで、すべての画像をsrcset属性内に「○○○w」とともに記述し、その中の1つのファイルを重複してsrc属性にも指定します。このsrc属性の値は、srcset属性に未対応のブラウザでのみ使用され、srcset属性に対応したブラウザはsrc属性を無視します。

上のサンプルでは、ここで初登場の**sizes属性**も指定されています。この属性は簡単に言ってしまえば画像の表示幅を指定する属性なのですが、width属性とは次のような点で異なります。

- **CSSの単位をつけて指定する**
- **CSSの「calc( )」などの関数が使用できる**
- **メディアクエリの( )で示す条件と組み合わせて複数の幅が指定できる**

詳しくはこのあとのコラムで説明しますが、上のサンプルで指定している「`sizes="100vw"`」という指定は、「**表示領域全体の幅の100%で表示**」という意味です。

上のサンプルをブラウザで表示させ、表示領域の大きさを変更すると、表示される画像も変化します（画像が切り替わったことがわかるように、各画像には縦横のピクセル数を記入してあります）。

ピクセル密度が1倍の画面での前ページのサンプルの表示例。表示領域の大きさに合わせて最適な画像が表示される

sizes 属性の指定方法

sizes属性には、CSSの単位をつけた数値を単体で指定できるだけでなく、「メディアクエリーの（ ）で示す条件」と「表示させる幅」を半角スペースで区切ったものを、カンマ区切りで必要なだけ指定できます。その場合、それらの条件のうち最初に合致したものとセットになっている幅で表示されることになります。最後に条件をつけないで幅だけを指定しておくと、どの条件にも合わなかった場合にその幅で表示されます。

```
<img sizes="(max-width: 799px) 100vw, (max-width: 1199px) 800px, 1200px"
srcset="a.jpg 500w, b.jpg 800w, c.jpg 1200w, d.jpg 2400w" src="b.jpg"
alt="">
```

単位「vw」は、viewport と width の頭文字をとったもので、表示領域全体の幅の何パーセントであるのかを示す単位です。したがって、100vwであれば表示領域の横幅いっぱい（100%）、50vwであれば表示領域のちょうど半分の幅（50%）となります。

また、sizes属性で幅を指定する際には、次のようにCSS3の calc( ) 関数が使用できます。この例では、1200ピクセルから2vwを引いた値が幅となります。

```
<img sizes="(max-width: 799px) 100vw, (max-width: 1199px) 800px, calc(1200px
- 2vw)" srcset="a.jpg 500w, b.jpg 800w, c.jpg 1200w, d.jpg 2400w" src="b.
jpg" alt="">
```

calc( ) 関数の（ ）内には、単位をつけない数値も指定でき、そのような数値を単体もしくは「* (掛ける)」または「/ (割る)」で区切ってセットにしたものを、「+ (足す)」または「- (引く)」で必要なだけ連結させて指定できます。

```
calc(33vw - 100px)
calc(100vw/3 + 80px)
calc(100vw/3 + 80px - 2*1rem)
```

条件に合致したときに使う画像について詳細に指定する方法

sizes属性を使うと、メディアクエリーの条件に合致したときの表示幅が指定できます。しかし、条件に合致したときに使用する画像ファイルまでは指定できません。たとえば、スマートフォン用とパソコン用では異なる画像（たとえばトリミングの仕方を変えた画像など）を表示させたいような場合には、それでは困ってしまうことになります。

メディアクエリーの条件ごとに使用する画像やそれがどのピクセル密度向けか、といった情報を細かく指定したい場合には、次のように**picture要素**の中にsource要素とimg要素を入れて使用します。

```
HTML   sample/1135/index.html
01   <picture>
02     <source media="(min-width: 1200px)" srcset="pic1200.jpg, pic2400.jpg 2x">
03     <source media="(min-width: 800px)" srcset="pic800.jpg, pic1600.jpg 2x">
04     <img src="pic500.jpg" srcset="pic1000.jpg 2x" alt="写真：ホタルブクロ">
05   </picture>
```

```
CSS   sample/1135/styles.css
01   body {
02     margin: 0;
03   }
04   img {
05     display: block;
06     margin: 0 auto;
07   }
08
09   @media screen and (min-width: 1200px) {
10     img { width: 1200px; }
11   }
12
13   @media screen and (min-width: 800px) and (max-width: 1199px) {
14     img { width: 800px; }
15   }
16
17   @media screen and (max-width: 799px) {
18     img { width: 100vw; }
19   }
```

picture要素とsource要素の使用例

source要素は、picture要素内にいくつでも配置でき、media属性で条件が指定できます。それらの条件のうち、最初に合致したsource要素だけが有効となる仕組みになっています。source要素には、img要素と同様にsrcset属性とsizes属性が指定できます※1。srcset属性の値のうち、「○x」も「○○w」もつけられていない画像ファイルは、「1x」として処理されます。

picture要素内の最後には、必ずimg要素を1つだけ配置する決まりになっています。そうすることで、どの条件にも合致しなかったときに表示させる画像として機能させられるだけでなく、picture要素とsource要素に未対応の環境でも画像が表示されるようになります。

前ページのサンプルをブラウザで表示させ、表示領域の幅を変更すると、表示される画像も次ページのように変化します（画像が切り替わったことがわかるように、各画像には縦横のピクセル数を記入してあります）。これらのスクリーンショット画像はピクセル密度が2倍のパソコン画面で撮ったものなので、どれも「2x」で指定した方の画像※2が表示されています。

第11章

※1　picture要素内に配置されたsource要素には、src属性は指定できない点に注意してください。同じsource要素でも、video要素またはaudio要素内に配置されたsource要素には、src属性が指定できる仕様となっています。
※2　画像ファイルの名前の「pic」のあとの数字は、画像の横幅のピクセル数をあらわしています。

指定した条件に合わせて適切に画像が切り替わっている

ページをまるごと
作ってみよう

ここまでの章ではHTMLとCSSを機能ごとに学習してきました。最終章である第12章では、それらを組み合わせてページ全体を作成してみましょう。CSSでのレイアウトは、はじめにスマートフォン用のものを作成しつつ基本的な部分の表示指定もおこなっておき、そこにタブレット専用とパソコン専用のCSSを追加するという流れで作成します。

難易度：★☆☆☆☆

サンプルページの概要を把握する

まずはこの章で作成するサンプルページがどのようなものなのかを理解しておきましょう。完成イメージを確認し、HTMLとCSSのファイルの構成とそれぞれの関係も把握しておきます。

1. 完成イメージを確認しよう

この章で作成するサンプルページは下図のようなものです。
表示領域の幅に応じて、スマートフォン用のレイアウト、タブレット用のレイアウト、パソコン用のレイアウトの3種類に切り替わります。

スマートフォン用
のレイアウト

タブレット用のレイアウト

パソコン用のレイアウト

2. サンプルのファイル構成を確認しよう

このサンプルページのファイルの構成は次のようになっています。HTMLファイルが1つとCSSファイルが3つ、そのほかに画像格納用のフォルダが1つあります（このサンプルで使用する画像ファイルが入っています）。

CSSファイルのうち「base.css」は常に適用されるもので、色指定などの基本となる表示指定のほか、スマートフォン向けの表示指定も書き込みます。

「tablet.css」はタブレット専用CSSで、表示領域の幅が600ピクセル以上1000ピクセル未満のときにのみ適用されます。「pc.css」はパソコン専用CSSで、表示領域の幅が1000ピクセル以上になった場合にのみ適用されます。

サンプルページのファイル構成

3. サンプルページ作成の流れを確認しよう

このサンプルページは、次の手順で作成していきます。HTMLはコンテンツがすでに入っており、マークアップも済んだ状態となっていますので、はじめにその内容と文書構造を確認してください。それらが把握できたところで、「base.css」「tablet.css」「pc.css」の順にCSSを完成させていきます。

- 第12章-2　HTMLの構造の確認　　➡　「index.html」の内容（文書構造）を確認する
- 第12章-3　スマートフォン向けの表示指定　➡　「base.css」にスマートフォン用CSS
　　　　　　　　　　　　　　　　　　　　　　（基本となるCSSを含む）を書き込む
- 第12章-4　タブレット向けの表示指定　➡　「tablet.css」にタブレット専用のCSSを書き込む
- 第12章-5　パソコン向けの表示指定　➡　「pc.css」にパソコン専用のCSSを書き込む

難易度：★★☆☆☆

HTMLの構造の確認

このサンプルページのHTMLはすでに完成していますが、これまでのサンプルと比較するとソースコードが少々長めになっています。CSSの指定をおこなう前に、HTMLの文書構造がどうなっているのか把握しておきましょう。

1. サンプルページの概略構造を把握しよう

このサンプルページのHTMLのおおまかな構造は次のようになっています。まず、全体がheader要素・main要素・footer要素の3つに別れています。それら全体を囲うdiv要素はありません。

下の図ではタグの階層ごとに色を変えて示していますが、これは要素の親子関係をわかりやすくするためです。このサンプルページでは要素を横に並べるために主にグリッドレイアウトを使用しますので、それを前提にレイアウトしやすいような親子関係を持たせた構造にしてあります※。

```
<header>
    <div id="logo">
        ～ロゴ画像～
    </div>
    <nav>
        ～ナビゲーション～
    </nav>
    <picture>
        ～メインビジュアル画像～
    </picture>
</header>

<main>
    <article>
        ～メインコンテンツ1～
    </article>
    <div id="sub">
        <article>
            ～メインコンテンツ2～
        </article>
        <article>
            ～メインコンテンツ3～
        </article>
    </div>
</main>
```

※グリッドレイアウトでは、ある要素に「display: grid;」を指定すると、その直接の子要素をグリッド内に自由に配置できるようになります。

```
<footer> ─────────
  <div id="footlinks"> ─────────
    <section> ─────────
      ～リンク～
    </section>
    <section> ─────────
      ～リンク～
    </section>
    <section> ─────────
      ～リンク～
    </section>
    <section> ─────────
      ～リンク～
    </section>
  </div> ─────────
  <p id="copyright"> ─────────
    <small>～コピーライト～</small>
  </p> ─────────
</footer> ─────────
```

サンプルページのHTMLの概略構造

2. サンプルページのhead要素の内容を確認しよう

HTMLのhead要素の内容は次のようになっています。

まず、Ⓐではスマートフォンで閲覧したときに縮小表示されないようにしています。

Ⓑでは常に適用するCSSファイル（base.css）を読み込ませています。

Ⓒでは表示領域の幅が600〜999ピクセルのときにタブレット用のCSS（tablet.css）を読み込ませています。

Ⓓでは表示領域の幅が1000ピクセル以上のときにパソコン用のCSS（pc.css）を読み込ませています。

HTML sample/1220/index.html

```
01  <head>
02  <meta charset="utf-8">
03  <meta name="viewport" content="width=device-width, initial-scale=1.0">  ──Ⓐ
04  <title>株式会社サンプルサイト</title>
05  <link rel="stylesheet" href="base.css">  ───────────Ⓑ
06  <link rel="stylesheet" href="tablet.css" media="screen and  ──────Ⓒ
    (min-width: 600px) and (max-width: 999px)">
07  <link rel="stylesheet" href="pc.css" media="screen and  ──────Ⓓ
    (min-width: 1000px)">
08  </head>
```

head要素の内容

第12章

この❸❹❺の指定により、ユーザーの環境に合わせてCSSは次のように適用されることになります。つまり、スマートフォンで閲覧した場合は「base.css」のみが適用され、タブレットで閲覧すると「base.css」と「tablet.css」、パソコンで閲覧すると「base.css」「pc.css」が適用されることになります※。

表示領域の幅によって適用されるCSSが変化する

3. サンプルページのbody要素の内容を確認しよう

body要素の内容全体は右のようになっています。

❺ではロゴ画像を表示させています。srcset属性を使って、ピクセル密度が2倍の画面で表示させる画像（logo2x.png）も指定してあります。

❻ではメインビジュアルの画像を表示させています。こちらではpicture要素とsource要素を使い、表示領域の幅が600ピクセル以上かどうかで異なる画像を表示させています（大きさだけでなくトリミングの仕方も異なっています）。どちらもピクセル密度が2倍の画像が用意されています。

表示領域の幅が600ピクセル以上のときに表示させる
メインビジュアル画像

表示領域の幅が600ピクセル未満のときに表示させるメインビジュアル画像。スマートフォン用にトリミングしてある

※このサンプルでは、600ピクセルと1000ピクセルを境界として適用するCSSを切り替えていますが、この数値を選択したのはサンプルをわかりやすくするためです。また、すべてのスマートフォン・タブレット・パソコンでこのようにきっちりとCSSが切り替わって適用されるわけではなく、端末を横置きにすることなどによってスマートフォンでタブレット用のCSSが適用されたり、タブレットでパソコン用のCSSが適用されたりします。

```
01  <body>
02
03  <header>
04    <div id="logo">
05      <img src="images/logo.png" srcset="images/
   logo2x.png 2x" alt="株式会社サンプルサイト">                    Ⓔ
06    </div>
07    <nav>
08      <ul>
09        <li><a href="#">ホーム</a></li>
10        <li><a href="#">お知らせ</a></li>
11        …中略…
12      </ul>
13    </nav>
14    <picture>
15      <source media="(min-width:600px)" srcset="images/
   mv-1000.jpg, images/mv-2000.jpg 2x">
16      <img src="images/mv-s600.jpg" srcset="images/mv-s1200.jpg    Ⓕ
   2x" alt="日本のサンプルのリーディング・カンパニーを目指します。">
17    </picture>
18  </header>
19
20  <main>
21    <article>
22      <h1>サンプルだからこそその "カタチ" がある</h1>
23      <p>わかりやすいサンプルはどうあるべきなのか？ その答えを知っているかどうかで
   <a href="#">サンプルの出来映え</a>は決まってきます。これはサンプルのテキストです。
   これはサンプルのテキストです。
24      </p>
25      …中略…
26      </p>
27    </article>
28    <div id="sub">
29      <article>
30        <h2>見えない部分へのこだわり</h2>
31        <p>これはサンプルのテキストです。これはサンプルのテキストです。これは
   サンプルのテキストです。これはサンプルのテキストです。
32        </p>
33      </article>
34      <article>
35        <h2>最高のサンプルを驚きのプライスで！</h2>
36        <p>これはサンプルのテキストです。これはサンプルのテキストです。これは
   サンプルのテキストです。これはサンプルのテキストです。
37        </p>
38      </article>
39    </div>
40  </main>
```

```
41
42    <footer>
43      <div id="footlinks">
44        <section>
45          <h3>オンラインショップ</h3>
46          <ul>
47            <li><a href="#">これはサンプルリンク</a></li>
48            …中略…
49          </ul>
50        </section>
51        <section>
52          <h3>アフターサービス</h3>
53          <ul>
54            <li><a href="#">サンプルのリンク</a></li>
55            …中略…
56          </ul>
57        </section>
58        <section>
59          <h3>お客様サポート</h3>
60          <ul>
61            <li><a href="#">サンプルリンク</a></li>
62            …中略…
63          </ul>
64        </section>
65        <section>
66          <h3>社会活動・環境活動</h3>
67          <ul>
68            <li><a href="#">これはサンプルリンク</a></li>
69            …中略…
70          </ul>
71        </section>
72      </div>
73      <p id="copyright">
74        <small>Copyright © 2022 sample site. All rights reserved.</small>
75      </p>
76    </footer>
77
78  </body>
```

body要素の内容

なお、このサンプルページではリンク先のページは用意してありませんので、リンク先のURL（a要素のhref属性の値）はすべて「#」を入れただけの状態となっています。

4. CSS適用前の表示の確認

最後に、この段階でのブラウザでの表示を確認しておきましょう。CSSを一切指定していない現段階での表示は次のようになっています。

CSSを一切指定していない現段階での表示

第
12
章

難易度：★★★★☆

スマートフォン向けの表示指定

それではさっそくCSSによる表示指定をはじめましょう。最初はスマートフォン用・タブレット用・パソコン用の各CSSで共通する指定とスマートフォン向けの指定を書き入れる「base.css」から進めていきます。

1. CSSファイル内のコメントを確認しよう

はじめに、現段階でのCSSファイルの内容がどうなっているのか確認しておきましょう。この段階では「base.css」「tablet.css」「pc.css」の内容はまったく同じで、次のようにコメントだけが入力済みの状態となっています。

```
01  /* ================================================
02   *    ページ全体
03   * ================================================ */
04
05
06  /* ================================================
07   *    ヘッダー
08   * ================================================ */
09
10
11  /* ================================================
12   *    メインコンテンツ
13   * ================================================ */
14
15
16  /* ================================================
17   *    フッター
18   * ================================================ */
19
20
```

現段階のCSSファイルの内容（3ファイル共通）

この章よりも前のサンプルとは異なり、第12章のサンプルではCSSのソースコードもそれなりに長いものとなります。そのため、制作を進めていくうちにどこに何を書き込んだかわからなくなってし

まわないように、このサンプルではCSSの表示指定を書き込む場所を大きく4つに分けることにします。

ページ全体に対する表示指定は「ページ全体」というコメントの下に書き込み、header要素とその内部の指定なら「ヘッダー」の下、main要素とその内部の指定なら「メインコンテンツ」の下、footer要素とその内部の指定なら「フッター」の下に書き込むことにして作業を進めていきます。

2. スマートフォン向けCSSの表示確認について

このサンプルは、表示領域の幅に応じてレイアウトが3段階に切り替わるようになります。ここではスマートフォン向けの表示指定をおこないますが、実際にスマートフォンで表示確認をしながら作業をすすめていくのは手間がかかりますので、パソコン上のブラウザの幅を狭くした状態で表示確認をすることにしましょう※。

「base.css」制作時の表示確認は、ブラウザの幅を狭くしてスマートフォン向けの画像が表示されている状態でおこなう

ブラウザのウィンドウの幅を狭くしていき、表示領域の幅が600ピクセル未満になると画像が小さくなり、画像のテキストとカモメの位置関係も変わるポイントがあります。このサンプルのスマートフォン向けCSSの表示確認は、このポイントよりも幅が狭い状態でおこなえばOKです。

※Google Chromeの「デベロッパー ツール」を使用することで、各種スマートフォンやタブレットでの表示確認をおこなうこともできます。「デベロッパー ツール」を起動するには、F12キーを押すか、右クリックして表示されるメニューから「検証」を選択してください。

3. スマートフォン向けの「ページ全体」の表示を指定しよう

ここからCSSでの表示指定を開始します。はじめに、body要素のマージンを0にしておきます（❶）。これによって、ページ上部の青い線やメインビジュアルの画像、フッターのグレーの背景色を隙間なく表示させられるようになります。

ページ上部の青い線は、body要素の上のボーダーとして表示させます（❷）。この青はロゴ画像の青と同じ色（#0086e9）で、リンク部分のテキストも同じ色です。

body要素にfont-familyプロパティで「sans-serif」を指定してあるのは（❹）、初期設定で明朝体のフォントを使用するようになっている環境でもゴシック体で表示されるようにするためです。同様に、設定で一般的ではない色になっている環境からの閲覧に備えて、body要素の文字色を黒に、背景色を白にしておきます（❸）。

メインコンテンツとフッターには同じマージン（1.2rem）を指定するのですが、セレクタは「main, footer」ではなく「main, #footlinks」となっています（❺）。これは、パソコン向けの表示指定において、メインコンテツ部分は幅を1,000ピクセルに固定して中央に寄せて配置するのに対し、薄いグレーの背景を持つフッターは画面の幅いっぱいに広げて表示されるようにするためです。フッター内のコンテンツであるリンクをグループ化しているdiv要素（#footlinks）は、main要素と同様に幅を1,000ピクセルに固定して中央に寄せて配置しますので、メインコンテンツとフッターのマージン指定のセレクタは「main, #footlinks」としています。

次のように入力すると、「ページ全体」の基本となる表示指定は完了です。

```
HTML  sample/1230/index.html
01    <header>
02      ・・・
03    </header>
04
05    <main>
06      ・・・
07    </main>
08
09    <footer>
10      <div id="footlinks">
11        ・・・
12      </div>
13      <p id="copyright">
14        ・・・
15      </p>
16    </footer>>
```

```css
01  /* =====================================================
02   *    ページ全体
03   * ===================================================== */
04
05  body {
06      margin: 0;                              ❶
07      border-top: 7px solid #0086e9;          ❷
08      color: #000;
09      background: #fff;                       ❸
10      font-family: sans-serif;                ❹
11  }
12  main, #footlinks {
13      margin: 1.2rem;                         ❺
14  }
15  a:link, a:visited {
16      color: #0086e9;
17  }
18  a:hover {
19      color: #000;
20  }
21  h1, h2, h3 {
22      margin: 0;
23      color: #000;
24      line-height: 1;
25  }
```

スマートフォン向けの「ページ全体」のソースコード

指定前の表示

指定後の表示。画像の横の隙間がなくなり、上に青い線が表示された

4. スマートフォン向けの「ヘッダー」の表示を指定しよう

次に、ヘッダー部分の表示指定をおこないます。はじめにロゴ画像の表示位置から調整していきましょう。現時点では、ロゴ画像がページ左上に余白のない状態で配置されていますので、header要素の上マージンを指定して上の余白をとり、text-alignプロパティで中央に表示させます（❶）。

ロゴ画像とメインビジュアルの画像には両方とも「vertical-align: bottom;」を指定します（❷⓫）。これは第7章の「インライン要素の縦位置の指定（p.117）」で説明したように、画像の下にできる隙間（インライン要素のディセンダ領域）を消すための指定です。

スマートフォンで閲覧したときのナビゲーションはグリッドレイアウトにして、上下に3つずつ並べて薄いグレーの背景をつけて表示させることにします（❸）。「grid-template-columns: 1fr 1fr 1fr;」によって、グリッドの縦列の幅は「1:1:1」の比率となります。高さには「auto」が指定されていますので、コンテンツであるテキストに合わせた高さとなります。

なお、この部分のグリッドレイアウトでは、子要素であるli要素をどのグリッドセルに当てはめるかは特に指定していません。grid-columnやgrid-rowなどのプロパティを使って配置場所を指定しなかった場合、子要素はソースコードに書かれている順に左上のグリッドから右方向へ、右まできたら一段下がってまた左から右へ、と自動的に当てはめられます。

li要素はそのままでは行頭記号が表示されますし、a要素はインライン要素で扱いにくいので、両方に「display: block;」を指定します（❼）。また、ul要素とli要素はブラウザによって初期状態の余白のつけられ方が異なっている場合があるので、必要な部分以外の余白は0にしておきます（❺❻）。

この形式のナビゲーションではリンクの下線は不要ですので、text-decorationプロパティでa要素の下線を消します（❾）。ナビゲーションの各項目の周りにある白い余白は、ul要素とa要素の2ピクセルずつのマージンで、幅が4ピクセルの白い線のように見せています（❹❽）※。

メインビジュアルの画像（セレクタでは「nav要素の直後のpicture要素の中にあるimg要素」と指定）の幅を表示領域いっぱい（width: 100vw;）にします（❿）。

次のように入力すると、スマートフォン向けの「ヘッダー」の表示指定は完了です。

※グリッドセル内に含まれる要素同士では、上下に隣接しているマージンでも重なり合うことはありません。

```
01   <header>
02     <div id="logo">
03       <img src="images/logo.png" srcset="images/logo2x.png 2x" alt="株式会社サ
     ンプルサイト">
04     </div>
05     <nav>
06       <ul>
07         <li><a href="#">ホーム</a></li>
08         <li><a href="#">お知らせ</a></li>
09         <li><a href="#">製品情報</a></li>
10         <li><a href="#">サービス</a></li>
11         <li><a href="#">会社概要</a></li>
12         <li><a href="#">お問い合わせ</a></li>
13       </ul>
14     </nav>
15     <picture>
16         <source media="(min-width:600px)" srcset="images/mv-1000.jpg, images/
     mv-2000.jpg 2x">
17       <img src="images/mv-s600.jpg" srcset="images/mv-s1200.jpg 2x" alt="日本
     のサンプルのリーディング・カンパニーを目指します。">
18     </picture>
19   </header>
```

CSS sample/1231/base.css

```
01   /* =========================================================
02    *    ヘッダー
03    * ========================================================= */
04
05   header {
06     margin-top: 36px;
07     text-align: center;                                    ❶
08   }
09   #logo img {
10     vertical-align: bottom;                                ❷
11   }
12   nav ul {
13     display: grid;
14     grid-template-columns: 1fr 1fr 1fr;                    ❸
15     grid-template-rows: auto auto;
16     margin: 36px 2px 2px;                                  ❹
17     padding: 0;                                            ❺
18   }
19   nav li {
20     margin: 0;
21     padding: 0;                                            ❻
22   }
```

```
23  nav li, nav a { ─────────────────────┐
24    display: block;                     ├──⑦
25  } ──────────────────────────────────┘
26  nav a {
27    margin: 2px; ──────────────────────⑧
28    padding: 0.4rem 0;
29    background: #f3f3f3;
30    text-decoration: none; ────────────⑨
31    font-size: 0.9rem;
32  }
33  nav+picture img {
34    width: 100vw; ─────────────────────⑩
35    vertical-align: bottom; ───────────⑪
36  }
```

スマートフォン向けの「ヘッダー」のソースコード

指定前の表示

指定後の表示。ヘッダー部分のレイアウトが整えられて見やすくなった

5. スマートフォン向けの「メインコンテンツ」の表示を指定しよう

メインコンテンツ部分は、main要素とh1要素、h2要素のマージンを指定し（❶❷❹）、コンテンツ間の間隔を調整しています。また、大き過ぎる見出しのフォントサイズも調整します（❸❺）。

次のように入力すると、スマートフォン向けの「メインコンテンツ」の表示指定は完了です。

```
CSS  sample/1232/base.css

01  /* ========================================================
02   *      メインコンテンツ
03   * ======================================================== */
04
05  main {
06      margin-bottom: 2.4rem; ──────────────●1
07  }
08  h1 {
09      margin-top: 2rem; ──────────────●2
10      font-size: 1.1rem; ──────────────●3
11  }
12  h2 {
13      margin-top: 2rem; ──────────────●4
14      font-size: 1rem; ──────────────●5
15  }
```

スマートフォン向けの「メインコンテンツ」のソースコード

指定前の表示

指定後の表示。メインコンテンツ部分はマージンと
フォントサイズのみ調整

6. スマートフォン向けの「フッター」の表示を指定しよう

フッター領域は、全体を薄いグレーにします。footer要素の上下のパディングを調整して（**❶**）、backgroundプロパティで背景色「#f3f3f3」を指定します（**❷**）。

フッター部分のリンクはul要素ですが、このサンプルページでは行頭記号を表示させずに、見出しも含めて左揃えで表示させることにします。そのために、ul要素とli要素に「display: block;」を指定し、余白も0にしておきます（**❸**）。見出しのフォントサイズはメインコンテンツ部分に合わせて小さめにします（**❹**）。

リンクは通常は下線が表示されないようにしておき、カーソルが重なったときだけ下線が表示されるようにします（**❺**）。

「Copyright 〜」部分の文字色を濃いグレーにして、中央揃えにし、フォントサイズを小さくすると（**❻**）スマートフォン向けの表示指定は完成です。

HTML sample/1233/index.html

```
01  <footer>
02    <div id="footlinks">
03      <section>
04        <h3>オンラインショップ</h3>
05        <ul>
06          <li><a href="#">これはサンプルリンク</a></li>
07          <li><a href="#">サンプルのリンク</a></li>
08          <li><a href="#">これはサンプルリンク</a></li>
09          <li><a href="#">サンプルのリンク</a></li>
10          <li><a href="#">これはサンプルのリンク</a></li>
11        </ul>
12      ・・・
13    </div>
14    <p id="copyright">
15      <small>Copyright © 2022 sample site. All rights reserved.</small>
16    </p>
17  </footer>
```

CSS sample/1233/base.css

```
01  /* =======================================================
02   *    フッター
03   * ======================================================= */
04
05  footer {
06    padding-top: 0.5rem; ──────────┐
07    padding-bottom: 1.4rem; ───────┴─❶
08    background: #f3f3f3; ──────────❷
09  }
```

```
10   #footlinks ul, #footlinks li {
11     display: block;
12     margin-left: 0;                    ③
13     padding-left: 0;
14   }
15   #footlinks h3 {
16     font-size: 1rem;                   ④
17   }
18   #footlinks a {
19     text-decoration: none;
20   }
21   #footlinks a:hover {                 ⑤
22     text-decoration: underline;
23   }
24   #copyright {
25     color: #999;
26     text-align: center;                ⑥
27     font-size: 0.82rem;
28   }
```

スマートフォン向けの「フッター」のソースコード

指定前の表示

指定後の表示。フッター領域の背景がグレーになり、
行頭記号やリンクの下線が消えた

難易度：★★★☆☆

タブレット向けの表示指定

次は、表示領域の幅が600ピクセル以上1000ピクセル未満のときにのみ適用されるタブレット向けのCSS「tablet.css」の指定をおこなっていきます。

1. タブレット向けの「ページ全体」の表示を指定しよう

タブレット向けのレイアウトの幅（600〜999ピクセル）は、2段組みにするには狭すぎて1段のままでは広すぎる印象です。そこで、メインコンテンツとフッターの左右の余白を広めにとることにします。main要素と#footlinksの上マージンを1.2rem、左右のマージンを9vw（表示領域の幅の9%）、下マージンを2.4remにする指定を追加してください（❶）。

この段階では、「tablet.css」と「pc.css」の違いはこのマージンの指定のみです。表示確認は、ブラウザのウィンドウの幅をこのマージンが適用される幅にしておこなってください。

```
HTML  sample/1240/index.html
01   <main>
02      ・・・
03   </main>
04
05   <footer>
06     <div id="footlinks">
07        ・・・
08     </div>
09     <p id="copyright">
10        ・・・
11     </p>
12   </footer>
```

```
CSS  sample/1240/tablet.css
01   /* =======================================================
02    *    ページ全体
03    * ======================================================= */
04
05   main, #footlinks {
06     margin: 1.2rem 9vw 2.4rem;              ❶
07   }
```

タブレット向けの「ページ全体」のソースコード

指定前の表示

指定後の表示。メインコンテンツ以降の左右の余白
が広くなった

2. タブレット向けの「ヘッダー」の表示を指定しよう

次に、ナビゲーションをタブレットのサイズに合ったものに変更していきます。現時点では、ul要素
はグリッドレイアウトになっていますので、「display: block;」を指定して元の状態に戻します
（❶）。そして、text-alignプロパティで中央揃えにした上で（❷）、その内部のli要素とa要素に
「display: inline;」を指定します（❸）。これでナビゲーションは中央に1行で表示されるよう
になります。

ナビゲーションの項目間の距離はli要素のマージン（左右とも0.4rem）で指定し（❹）、a要素に指
定してある背景色を「transparent（透明）」（❺）にするとナビゲーションの完成です。

HTML sample/1241/index.html

```
01  <nav>
02    <ul>
03      <li><a href="#">ホーム</a></li>
04      <li><a href="#">お知らせ</a></li>
05      <li><a href="#">製品情報</a></li>
06      <li><a href="#">サービス</a></li>
07      <li><a href="#">会社概要</a></li>
08      <li><a href="#">お問い合わせ</a></li>
09    </ul>
10  </nav>
```

CSS sample/1241/tablet.css

```
01  /* =========================================================
02   *   ヘッダー
03   * ========================================================= */
04
05  nav ul {
06    display: block; ────────────────── ❶
07    margin: 36px 0 12px;
08    text-align: center; ────────────── ❷
09  }
10  nav li, nav a { ─────────────
11    display: inline;                 ❸
12  } ───────────────────────────
13  nav li { ────────────────────
14    margin: 0 0.4rem;                ❹
15  } ───────────────────────────
16  nav a {
17    background: transparent; ──────── ❺
18  }
```

タブレット向けの「ヘッダー」のソースコード

指定前の表示

指定後の表示。ナビゲーション部分がシンプルな中央揃えになった

3. タブレット向けの「メインコンテンツ」の表示を指定しよう

タブレット向けCSSのメインコンテンツ部分は、見出しを中央揃えにするだけです。次のように入力すると指定完了です。

```
CSS  sample/1242/tablet.css
01   /* ==========================================================
02    *    メインコンテンツ
03    * ========================================================== */
04
05   h1, h2 {
06      text-align: center;
07   }
```

タブレット向けの「メインコンテンツ」のソースコード

指定前の表示

指定後の表示。メインコンテンツの見出しが中央揃えになった

4. タブレット向けの「フッター」の表示を指定しよう

タブレット向けCSSのフッター部分のリンクのセクションは、グリッドレイアウトにして2つずつ横に並べることにします。「grid-template-columns: 1fr 1fr;」によって、縦列の幅は「1:1」の比率となります。高さには「auto」が指定されていますので、コンテンツの量に合わせた高さとなります（❶）。子要素をどのグリッドセルに当てはめるかは特に指定していませんので、子要素であるsection要素がソースコードに書かれている順で左上から自動的に当てはめられます。

「#footlinks section:nth-child(even) 」というセレクタを指定すると、その表示指定は「#footlinks」の中の偶数番目のsection要素にだけ適用されます（❷）。この指定により、右側のsection要素の左マージンが1.2remになります。タブレット向けの表示指定はこれで完成です。

HTML sample/1243/index.html

```
01    <div id="footlinks">
02      <section>
03        <h3>オンラインショップ</h3>
04        ・・・
05      </section>
06      <section>
07        <h3>アフターサービス</h3>
08        ・・・
09      </section>
10      <section>
11        <h3>お客様サポート</h3>
12        ・・・
13      </section>
14      <section>
15        <h3>社会活動・環境活動</h3>
16        ・・・
17      </section>
18    </div>
```

CSS sample/1243/tablet.css

```
01    /* =======================================================
02     *    フッター
03     * ======================================================= */
04
05    #footlinks {
06      display: grid;
07      grid-template-columns: 1fr 1fr;              ❶
08      grid-template-rows: auto auto;
09    }
```

```
10   #footlinks section:nth-child(even) {
11     margin-left: 1.2rem;              ❷
12   }
```

タブレット向けの「フッター」のソースコード

指定前の表示

指定後の表示。フッターのリンクのセクションが2つずつ横に並んだ

✏ **Column**　　**文字色と背景色のコントラスト比について**

JIS規格の「X8341-3（高齢者・障害者等配慮設計指針－情報通信における機器，ソフトウェア及びサービス第3部：ウェブコンテンツ）」のレベルAAの基準を満たすには、文字色とその背景色に4.5:1以上のコントラスト比を持たせる必要があります。

このコントラスト比は自分で計算するのは少々面倒なのですが、CSSの書式で色の値を入力するだけでコントラスト比が簡単に確認できるWebページがあります。入力した文字色と背景色がそのページに即座に反映されますので、実際にどう見えるのかも確認できます。

参考までに、白い背景に赤い文字（#f00）を表示させた場合は、コントラスト比は「3.99:1」となり、上記の基準は満たさなくなります。

色の値を入力するだけでコントラスト比がわかるページ
https://contrast-ratio.com/

第12章

5 パソコン向けの表示指定

難易度：★★★★☆

最後に、表示領域の幅が1000ピクセル以上のときにのみ適用されるパソコン向けのCSS「pc.css」の指定をおこなっていきます。

1. パソコン向けの「ページ全体」の表示を指定しよう

炎天下の屋外などで使用されることもあるスマートフォンやタブレット向けの表示指定では、文字と背景のコントラストは高くするのが一般的です。それに対して、基本的に屋内で使用されるパソコン向けのレイアウトでは、文字色として濃いグレーが多く使用されます。このサンプルのパソコン向けのレイアウトでは、ページ全体（body要素）の文字色を「#666」に変更します（❶）※。

パソコン向けのレイアウトでは、ヘッダーもメインコンテンツもフッター（#footlinks）も幅を1000pxに固定します。そしてそれらの左右のマージンを「auto」にして、表示領域全体の幅が1000pxより大きくなった場合には、ヘッダー・メインコンテンツ・フッター（#footlinks）は中央に寄せて表示されるようにします（❷）。

パソコン向けレイアウトの完成図。コンテンツを表示させる領域の幅を1000pxにし、左右のマージンを「auto」にして中央に配置する

※前ページのコラムのスクリーンショット画像を見れば確認できるように、文字色が「#666」で背景色が白の場合のコントラスト比は「5.74:1」となります。したがって、この文字色でもJIS規格X8341-3の基準を満たしていることになります。

なお、フッターの幅を1000pxにせずに、その内部にある#footlinksの幅を1000pxにしているのは、フッターは背景をグレーにして、表示領域全体の幅いっぱいに表示させているためです（このサンプルでは、ページ最上部の青い線とフッターのグレーの背景は、常に表示領域全体の幅いっぱいに表示されます）。

```
CSS   sample/1250/pc.css
01    /* ========================================================
02     *    ページ全体
03     * ======================================================== */
04
05    body {
06      color: #666;                                         ❶
07    }
08    header, main, #footlinks {
09      width: 1000px;
10      margin-left: auto;                                   ❷
11      margin-right: auto;
12    }
```

パソコン向けの「ページ全体」のソースコード

指定前の表示

指定後の表示。まだサイズを指定していないメインビジュアルの画像を除けば、コンテンツの幅が1000pxで固定され中央に配置されている

2. パソコン向けの「ヘッダー」の表示を指定しよう

ヘッダー部分は次のように縦横2分割にしたグリッドレイアウトにして、左上にロゴ、右上にナビゲーション、下の2つのグリッドセルにメインビジュアルを配置することにします。ロゴ画像の幅は176ピクセルですので、それに合わせてgrid-template-columnsプロパティの値には「176px 1fr」を指定します。横列の高さは「auto auto」にしてコンテンツに合わせるようにしておきます（❶）。

ヘッダーはこのようにグリッドで区切って各コンテンツを格納する

ロゴ画像とメインビジュアル画像のあいだには余白が必要で、さらにロゴ画像とナビゲーションは高さを揃える必要もあるため、❷でロゴ画像のvertical-alignプロパティの値を「baseline」に戻します（「base.css」にて「bottom」を指定しています）。

また、「base.css」ではナビゲーションのul要素に「display: grid;」を指定していますので、この値を「block」に戻します。そしてマージンをクリアし、右揃えにして、行の高さをロゴ画像と同じ40ピクセルにします（❸）。その状態でli要素とa要素に「display: inline;」を指定するとナビゲーションの各項目は右揃えで横に並びます（❹）。

❺で、li要素の左右のマージンを「0.4rem」にしてナビゲーション項目の間隔を広くし、a要素の背景を透明にしてvertical-alignで縦方向の位置を微調整します（ここでは9ピクセル下に移動させています）。

あとはメインビジュアルの画像を格納しているpicture要素に下2つ分のグリッドセルを割り当て、画像の幅を1000pxに設定するとヘッダー部分の完成です（❻）。

```
01  <header>
02    <div id="logo">
03      <img src="images/logo.png" srcset="images/logo2x.png 2x"
    alt="株式会社サンプルサイト">
04    </div>
05    <nav>
06      <ul>
07        <li><a href="#">ホーム</a></li>
08        <li><a href="#">お知らせ</a></li>
09        <li><a href="#">製品情報</a></li>
10        <li><a href="#">サービス</a></li>
11        <li><a href="#">会社概要</a></li>
12        <li><a href="#">お問い合わせ</a></li>
13      </ul>
14    </nav>
15    <picture>
16      <source media="(min-width:600px)" srcset="images/mv-1000.jpg,
    images/mv-2000.jpg 2x">
17      <img src="images/mv-s600.jpg" srcset="images/mv-s1200.jpg 2x"
    alt="日本のサンプルのリーディング・カンパニーを目指します。">
18    </picture>
19  </header>
```

CSS sample/1251/pc.css

```
01  /* ========================================================
02   *    ヘッダー
03   * ======================================================== */
04
05  header {
06    display: grid;
07    grid-template-columns: 176px 1fr;                    ❶
08    grid-template-rows: auto auto;
09  }
10  #logo img {
11    vertical-align: baseline;                            ❷
12  }
13  nav ul {
14    display: block;
15    margin: 0;
16    padding: 0;                                          ❸
17    text-align: right;
18    line-height: 40px;
19  }
20  nav li, nav a {
21    display: inline;                                     ❹
22  }
```

第12章

```
23  nav li {
24      margin: 0 0.4rem;
25  }
26  nav a {                        ⑤
27      background: transparent;
28      vertical-align: -9px;
29  }
30  nav+picture {
31      grid-column: 1 / 2;        ⑥
32      grid-row: 2;
33  }
34  nav+picture img {
35      width: 1000px;
36  }
```

パソコン向けの「ヘッダー」のソースコード

指定前の表示

指定後の表示。ロゴが左寄せになり、ナビゲーションはその横に右寄せで表示されている。メインビジュアル画像の大きさも調整された

3. パソコン向けの「メインコンテンツ」の表示を指定しよう

メインコンテンツ部分もグリッドレイアウトで2段組みにし（❶）、右側の2つのコンテンツにはグレーのボーダーを表示させます（❷）。ボーダーを表示させると余白がアンバランスな状態になりますので、先頭の要素を適用対象とするセレクタ「:first-child」などを使って各部の余白を調整します（❸）。

右の段の見出し（h2要素）の左側に文字サイズよりも広めのパディングをとり、そこに青いアイコン（icon.png）を表示させます。背景関連の値を一括指定するbackgroundプロパティで背景画像のサイズ（contain）を指定する場合には、先に位置（left）を指定し、それと「/」で区切って指定する必要がある点に注意しましょう（❹）。

HTML sample/1252/index.html

```
01  <main>
02    <article>
03      <h1>サンプルだからこその"カタチ"がある</h1>
04      <p>・・・</p>
05      <p>・・・</p>
06    </article>
07    <div id="sub">
08      <article>
09        <h2>見えない部分へのこだわり</h2>
10        <p>・・・</p>
11      </article>
12      <article>
13        <h2>最高のサンプルを驚きのプライスで！</h2>
14        <p>・・・</p>
15      </article>
16    </div>
17  </main>
```

CSS sample/1252/pc.css

```
01  /* ======================================================
02   *    メインコンテンツ
03   * ====================================================== */
04
05  main {
06    display: grid;
07    grid-template-columns: 1fr 1fr;        ❶
08    grid-template-rows: auto;
09    margin-top: 2.4rem;
10  }
11  main > article {
```

```
12      margin-right: 1.5rem;
13  }
14  #sub > article {
15      padding: 1rem;
16      border: 2px solid #eee; ────────────────────────────── ❷
17      border-radius: 8px;
18  }
19  #sub > article:first-child { ─────────────────┐
20      margin-bottom: 1rem;                       ├── ❸
21  } ─────────────────────────────────────────────┘
22  #sub > article p {
23      margin: 1rem 0 0;
24  }
25  h1, h2 {
26      margin: 0;
27  }
28  h2 { ─────────────────────────────────────────┐
29      padding-left: 1.4rem;                      │
30      background: url(images/icon.png) no-repeat left / contain; ├── ❹
31  } ─────────────────────────────────────────────┘
```

パソコン向けの「メインコンテンツ」のソースコード

指定前の表示

指定後の表示。メインコンテンツ部分が2段組み
になり、右側の見出しの前にアイコンがついた

4. パソコン向けの「フッター」の表示を指定しよう

フッター部分にもグリッドレイアウトを使用します。ここでは横に並んだ4つのグリッドセルを作成し、そこに各リンクのグループを格納します（❶）。

セレクタで「:nth-child(n+2)」と指定すると、「0+2=2」「1+2=3」「2+2=4」という具合に2つ目以降の要素が適用対象となります（❷）。2つ目以降のsection要素の左側の余白を調整し、文字サイズを整えるとパソコン向けの表示指定（サンプルページ全体）の完成です。

```
HTML  sample/1253/index.html
01    <div id="footlinks">
02      <section>
03        <h3>オンラインショップ</h3>
04        ・・・
05      </section>
06      <section>
07        <h3>アフターサービス</h3>
08        ・・・
09      </section>
10      <section>
11        <h3>お客様サポート</h3>
12        ・・・
13      </section>
14      <section>
15        <h3>社会活動・環境活動</h3>
16        ・・・
17      </section>
18    </div>
```

```
CSS  sample/1253/pc.css
01    /* =======================================================
02     *    フッター
03     * ======================================================= */
04
05    #footlinks {
06      display: grid;
07      grid-template-columns: 1fr 1fr 1fr 1fr;          ❶
08      grid-template-rows: auto;
09    }
10    #footlinks section:nth-child(n+2) {
11      margin-left: 1.2rem;                             ❷
12    }
13    #footlinks h3 {
14      font-size: 0.9rem;
```

第12章

```
15    }
16    #footlinks a {
17      font-size: 0.9rem;
18    }
```

パソコン向けの「フッター」のソースコード

指定前の表示

指定後の表示。フッターのリンクの
グループが横に並んだ

付録

本書の本文では、HTMLの主要な要素・属性のみをピックアップして解説しました。Appendixでは、参考資料としてHTMLの仕様書で定義されているすべての要素を一覧で掲載し、それぞれの要素がどのような役割・機能を持っているのか、どのカテゴリーに該当するのか、どこに配置できるのか、内容として何を入れることができるのか、といった情報をすぐに調べられるようにしてみました。ぜひご活用ください。

HTML全要素一覧

ここでは、HTMLの全要素と、その要素のあらわすものや機能を一覧でまとめています。

要素名	要素のあらわすもの・機能
a	リンク
abbr	略語
address	問い合わせ先
area	イメージマップの画像のリンクにする領域を定義する
article	1つの記事全体をあらわすセクション
aside	補足記事や広告のような主内容ではないセクション
audio	音声データの再生
b	注目してほしいキーワードや製品名など
base	相対パスの基準とするURL
bdi	表記方向が逆の文字が入っても前後に影響を与えないようにする
bdo	文字表記の方向を明示的に設定している範囲
blockquote	引用されたコンテンツ（ブロックレベル）
body	HTML文書のコンテンツを入れる要素
br	改行（詩や住所の表記などで使用）
button	ボタン（要素内容をラベルとして表示する）
canvas	スクリプトによるビットマップの動的グラフィック
caption	表のキャプション
cite	作品のタイトル
code	コンピュータが認識できるソースコード、要素名、ファイル名など
col	表の縦列
colgroup	表の縦列のグループ
data	要素内容の機械可読な値がvalue属性に指定されている要素
datalist	input要素で使用する入力候補のリスト（サジェスト機能）

要素名	要素のあらわすもの・機能
dd	dl要素内の「説明文」部分
del	あとから削除された部分
details	詳細情報を折りたたんで表示・非表示を切り替えられる要素
dfn	定義の対象となっている用語
dialog	ダイアログボックス（インスペクタやウィンドウとしても使用化）
div	汎用ブロックレベル要素／dt要素とdd要素のグループ化
dl	「用語」と「説明文」が対になったリスト
dt	dl要素内の「用語」部分
em	強調している部分
embed	プラグインによる外部データの組み込み
fieldset	フォーム部品のグループ
figcaption	figure要素（図版）のキャプション
figure	図版
footer	フッター
form	フォーム
h1	1階層目の見出し（大見出し）
h2	2階層目の見出し（中見出し）
h3	3階層目の見出し（小見出し）
h4	4階層目の見出し
h5	5階層目の見出し
h6	6階層目の見出し
head	HTML文書のメタデータを入れる要素
header	ヘッダー
hgroup	階層の異なる複数の見出しをグループ化
hr	段落レベルでの主題の変わり目
html	HTML文書のすべての要素を含む要素（ルート要素）

要素名	要素のあらわすもの・機能
i	一般のテキストとは違うことを示したい範囲
iframe	インラインフレーム
img	画像
input	フォームの様々な基本部品になる要素
ins	あとから追加された部分
kbd	ユーザーが入力するデータ
label	フォーム部品に関連付けられたラベルのテキスト
legend	fieldset要素（フォーム部品のグループ）のキャプション
li	リスト内の1つの項目
link	HTML文書と外部ファイルを関連づける
main	メインコンテンツ
map	イメージマップを定義する
mark	（マーカーで線を引くのと同様の意図で）目立たせている部分
menu	ツールバー
meta	メタデータ
meter	メーター（ディスク使用量や何かの割合を示す際などに使用）
nav	ナビゲーションのセクション
noscript	スクリプトが動作しない環境向けの内容
object	外部リソースの組込み
ol	連番付きのリスト
optgroup	option要素のグループ
option	select要素またはdatalist要素の選択肢
output	計算結果を出力するためのフォーム部品
p	段落
picture	複数の候補画像の中から条件に合った画像を表示させる
pre	整形済みテキスト
progress	プログレスバー（処理の進み具合を示す）
q	引用されたコンテンツ（インライン）
rp	ルビに未対応の環境で使用するカッコ
rt	ルビとして表示させるテキスト
ruby	ルビを振った部分（rt要素とrp要素の親要素として使用）
s	正しい情報ではなくなった部分や関係なくなった部分

要素名	要素のあらわすもの・機能
samp	コンピュータの出力のサンプル
script	スクリプト
section	一般的なセクション
select	選択肢の中から選ぶ形式のフォーム部品
slot	シャドウツリーの外部から内部に要素を入れられるようにする
small	一般的に小さな文字であらわされる注記（著作権表記や注意事項など）
source	画像・動画・音声の候補データ（複数の候補データを指定可）
span	汎用インライン要素
strong	重要な部分
style	要素内容としてCSSを書き込める要素
sub	下付き文字
summary	details要素の見出し
sup	上付き文字
table	表
tbody	表の本体部分の横列のグループ
td	表のセル（データ用）
template	内容をスクリプトで生成する部分
textarea	複数行のテキスト入力欄
tfoot	表のフッター横列のグループ
th	表のセル（見出し用）
thead	表のヘッダー横列のグループ
time	要素内容である日付・時刻が機械可読である要素
title	HTML文書のタイトル
tr	表の横一列
track	映像と同期して表示される外部字幕データを指定する
u	中国語の固有名詞やスペルミスの箇所など
ul	箇条書き形式のリスト
var	変数
video	動画データの再生
wbr	英単語などの途中で行を折り返してもよい位置

HTMLの要素の分類

ここでは、HTMLの全要素を表で掲載し、どの要素がどのカテゴリーに分類されているのかを示します（背景に色が付いている要素がそのカテゴリーに該当する要素です）。

● フローコンテンツ（Flow content）

a	datalist	i	output	sup
abbr	dd	iframe	p	table
address	del	img	picture	tbody
area	details	input	pre	td
article	dfn	ins	progress	template
aside	dialog	kbd	q	textarea
audio	div	label	rp	tfoot
b	dl	legend	rt	th
base	dt	li	ruby	thead
bdi	em	link	s	time
bdo	embed	main	samp	title
blockquote	fieldset	map	script	tr
body	figcaption	mark	section	track
br	figure	menu	select	u
button	footer	meta	slot	ul
canvas	form	meter	small	var
caption	h1〜h6	nav	source	video
cite	head	noscript	span	wbr
code	header	object	strong	テキスト
col	hgroup	ol	style	
colgroup	hr	optgroup	sub	
data	html	option	summary	

※area要素はmap要素に含まれている場合のみ該当
※link要素はCSSの読み込みでbody要素内に配置されている場合のみ該当
※meta要素はitemprop属性が指定されている場合のみ該当

● 見出しコンテンツ（Heading content）

a	datalist	i	output	sup
abbr	dd	iframe	p	table
address	del	img	picture	tbody
area	details	input	pre	td
article	dfn	ins	progress	template
aside	dialog	kbd	q	textarea
audio	div	label	rp	tfoot
b	dl	legend	rt	th
base	dt	li	ruby	thead
bdi	em	link	s	time
bdo	embed	main	samp	title
blockquote	fieldset	map	script	tr
body	figcaption	mark	section	track
br	figure	menu	select	u
button	footer	meta	slot	ul
canvas	form	meter	small	var
caption	h1～h6	nav	source	video
cite	head	noscript	span	wbr
code	header	object	strong	テキスト
col	hgroup	ol	style	
colgroup	hr	optgroup	sub	
data	html	option	summary	

● セクショニングコンテンツ（Sectioning content）

a	datalist	i	output	sup
abbr	dd	iframe	p	table
address	del	img	picture	tbody
area	details	input	pre	td
article	dfn	ins	progress	template
aside	dialog	kbd	q	textarea
audio	div	label	rp	tfoot
b	dl	legend	rt	th
base	dt	li	ruby	thead
bdi	em	link	s	time
bdo	embed	main	samp	title
blockquote	fieldset	map	script	tr
body	figcaption	mark	section	track
br	figure	menu	select	u
button	footer	meta	slot	ul
canvas	form	meter	small	var
caption	h1～h6	nav	source	video
cite	head	noscript	span	wbr
code	header	object	strong	テキスト
col	hgroup	ol	style	
colgroup	hr	optgroup	sub	
data	html	option	summary	

● フレージングコンテンツ（Phrasing content）

a	datalist	i	output	sup
abbr	dd	iframe	p	table
address	del	img	picture	tbody
area	details	input	pre	td
article	dfn	ins	progress	template
aside	dialog	kbd	q	textarea
audio	div	label	rp	tfoot
b	dl	legend	rt	th
base	dt	li	ruby	thead
bdi	em	link	s	time
bdo	embed	main	samp	title
blockquote	fieldset	map	script	tr
body	figcaption	mark	section	track
br	figure	menu	select	u
button	footer	meta	slot	ul
canvas	form	meter	small	var
caption	h1～h6	nav	source	video
cite	head	noscript	span	wbr
code	header	object	strong	テキスト
col	hgroup	ol	style	
colgroup	hr	optgroup	sub	
data	html	option	summary	

※area要素はmap要素に含まれている場合のみ該当
※link要素はCSSの読み込みでbody要素内に配置されている場合のみ該当
※meta要素はitemprop属性が指定されている場合のみ該当

● 組み込みコンテンツ（Embedded content）

a	datalist	i	output	sup
abbr	dd	iframe	p	table
address	del	img	picture	tbody
area	details	input	pre	td
article	dfn	ins	progress	template
aside	dialog	kbd	q	textarea
audio	div	label	rp	tfoot
b	dl	legend	rt	th
base	dt	li	ruby	thead
bdi	em	link	s	time
bdo	embed	main	samp	title
blockquote	fieldset	map	script	tr
body	figcaption	mark	section	track
br	figure	menu	select	u
button	footer	meta	slot	ul
canvas	form	meter	small	var
caption	h1～h6	nav	source	video
cite	head	noscript	span	wbr
code	header	object	strong	テキスト
col	hgroup	ol	style	
colgroup	hr	optgroup	sub	
data	html	option	summary	

● インタラクティブコンテンツ（Interactive content）

a	datalist	i	output	sup
abbr	dd	iframe	p	table
address	del	img	picture	tbody
area	details	input	pre	td
article	dfn	ins	progress	template
aside	dialog	kbd	q	textarea
audio	div	label	rp	tfoot
b	dl	legend	rt	th
base	dt	li	ruby	thead
bdi	em	link	s	time
bdo	embed	main	samp	title
blockquote	fieldset	map	script	tr
body	figcaption	mark	section	track
br	figure	menu	select	u
button	footer	meta	slot	ul
canvas	form	meter	small	var
caption	h1～h6	nav	source	video
cite	head	noscript	span	wbr
code	header	object	strong	テキスト
col	hgroup	ol	style	
colgroup	hr	optgroup	sub	
data	html	option	summary	

※a要素はhref属性が指定されている場合のみ該当
※audio要素とvideo要素はcontrols属性が指定されている場合のみ該当
※img要素はusemap属性が指定されている場合のみ該当
※input要素はtype属性の値が「hidden」以外の場合のみ該当

● メタデータコンテンツ（Metadata content）

a	datalist	i	output	sup
abbr	dd	iframe	p	table
address	del	img	picture	tbody
area	details	input	pre	td
article	dfn	ins	progress	template
aside	dialog	kbd	q	textarea
audio	div	label	rp	tfoot
b	dl	legend	rt	th
base	dt	li	ruby	thead
bdi	em	link	s	time
bdo	embed	main	samp	title
blockquote	fieldset	map	script	tr
body	figcaption	mark	section	track
br	figure	menu	select	u
button	footer	meta	slot	ul
canvas	form	meter	small	var
caption	h1～h6	nav	source	video
cite	head	noscript	span	wbr
code	header	object	strong	テキスト
col	hgroup	ol	style	
colgroup	hr	optgroup	sub	
data	html	option	summary	

HTMLの要素の配置のルール

HTMLの各要素について「その要素はどこに配置できるのか」「その要素の子要素として直接入れられる要素はどれか」という情報を表にまとめました。必要に応じて参照してください。

要素名	配置できる場所	子要素として直接入れられる要素
a	フレージングコンテンツが配置できる場所	親要素に直接入れられる要素と同じ（ただし内部にa要素、インタラクティブコンテンツ、tabindex属性を指定している要素を含むことはできない）
abbr	フレージングコンテンツが配置できる場所	フレージングコンテンツ
address	フローコンテンツが配置できる場所	フローコンテンツ（ただし内部に見出しコンテンツ・セクショニングコンテンツ・header要素・footer要素・address要素を含むことはできない）
area	map要素内でフレージングコンテンツが配置できる場所	なし
article	セクショニングコンテンツが配置できる場所	フローコンテンツ
aside	セクショニングコンテンツが配置できる場所	フローコンテンツ
audio	組み込みコンテンツが配置できる場所	src属性が指定されている場合は、0個以上のtrack要素の後に親要素に直接入れられる要素と同じ要素。src属性が指定されていない場合は、はじめに0個以上のsource要素を配置し、次に0個以上のtrack要素、その後に親要素に直接入れられる要素と同じ要素。いずれの場合も、内部にaudio要素とvideo要素は含むことができない
b	フレージングコンテンツが配置できる場所	フレージングコンテンツ
base	head要素内（ただし複数は配置できない）	なし
bdi	フレージングコンテンツが配置できる場所	フレージングコンテンツ
bdo	フレージングコンテンツが配置できる場所	フレージングコンテンツ
blockquote	フローコンテンツが配置できる場所	フローコンテンツ
body	html要素内に2つ目の子要素として配置	フローコンテンツ
br	フレージングコンテンツが配置できる場所	なし
button	フレージングコンテンツが配置できる場所	フレージングコンテンツ（ただし内部にインタラクティブコンテンツとtabindex属性を指定している要素を含むことはできない）

要素名	配置できる場所	子要素として直接入れられる要素
canvas	組み込みコンテンツが配置できる場所	親要素に直接入れられる要素と同じ（ただしa要素、button要素、usemap属性が指定されたimg要素、チェックボックスまたはラジオボタンまたはボタンとして使用しているinput要素、multiple属性が指定されているかsize属性の値が1より大きいselect要素以外のインタラクティブコンテンツは含むことができない）
caption	table要素の最初の子要素として配置	フローコンテンツ（ただし内部にtable要素を含むことはできない）
cite	フレージングコンテンツが配置できる場所	フレージングコンテンツ
code	フレージングコンテンツが配置できる場所	フレージングコンテンツ
col	sapn属性の指定されていないcolgroup要素の子要素として配置	なし
colgroup	table要素の子要素として配置（ただしcaption要素よりも後で、thead要素・tbody要素・tfoot要素・tr要素よりも前に配置）	span属性が指定されている場合は内容は空。span属性が指定されていない場合は0個以上のcol要素およびtemplate要素
data	フレージングコンテンツが配置できる場所	フレージングコンテンツ
datalist	フレージングコンテンツが配置できる場所	フレージングコンテンツまたは0個以上のoption要素・script要素・template要素
dd	dl要素内で、dt要素またはdd要素の後。dl要素の子要素であるdiv要素内で、dt要素またはdd要素の後	フローコンテンツ
del	フレージングコンテンツが配置できる場所	親要素に直接入れられる要素と同じ
details	フローコンテンツが配置できる場所	summary要素を1つ、その後にフローコンテンツ
dfn	フレージングコンテンツが配置できる場所	フレージングコンテンツ（ただし内部にdfn要素を含むことはできない）
dialog	フローコンテンツが配置できる場所	フローコンテンツ
div	フローコンテンツが配置できる場所。dl要素の子要素として配置	自身がdl要素の子要素でない場合はフローコンテンツ。自身がdl要素の子要素である場合は、1つ以上のdt要素に続けて1つ以上のdd要素（必要に応じてscript要素とtemplate要素も配置可能）
dl	フローコンテンツが配置できる場所	1つ以上のdt要素に続く1つ以上のdd要素のグループを0個以上。または1つ以上のdiv要素。いずれの場合も必要に応じてscript要素とtemplate要素を配置可能
dt	dl要素内で、dd要素またはdt要素の前。dl要素の子要素であるdiv要素内で、dd要素またはdt要素の前。	フローコンテンツ（ただし内部にheader要素、footer要素、セクショニングコンテンツ、見出しコンテンツを含むことはできない）
em	フレージングコンテンツが配置できる場所	フレージングコンテンツ
embed	組み込みコンテンツが配置できる場所	なし
fieldset	フローコンテンツが配置できる場所	必要に応じて最初にlegend要素を1つ、その後にフローコンテンツ
figcaption	figure要素の最初または最後の子要素として配置	フローコンテンツ

要素名	配置できる場所	子要素として直接入れられる要素
figure	フローコンテンツが配置できる場所	フローコンテンツ。必要に応じて、最初または最後の子要素としてfigcaption要素を1つ配置可能
footer	フローコンテンツが配置できる場所	フローコンテンツ（ただし内部にheader要素とfooter要素を含むことはできない）
form	フローコンテンツが配置できる場所	フローコンテンツ（ただし内部にform要素を含むことはできない）
h1〜h6	フローコンテンツが配置できる場所。hgroup要素の子要素として配置	フレージングコンテンツ
head	html要素内の最初の要素として配置	HTML文書がiframeのsrcdoc属性で指定されている文書の場合、または上位のプロトコルによってタイトル情報が得られる場合は、0個以上のメタデータコンテンツ（ただしtitle要素とbase要素は複数は配置できない）。それ以外の場合は、1つ以上のメタデータコンテンツ（ただしtitle要素を必ず1つ含み、base要素は複数は配置できない）。
header	フローコンテンツが配置できる場所	フローコンテンツ（ただし内部にheader要素とfooter要素は配置できない）
hgroup	見出しコンテンツが配置できる場所	1つ以上のh1〜h6要素。必要に応じてscript要素とtemplate要素も配置可能
hr	フローコンテンツが配置できる場所	なし
html	文書要素（親が文書である要素）として配置。複合文書内でサブ文書が配置可能な場所	head要素とbody要素を順にひとつずつ
i	フレージングコンテンツが配置できる場所	フレージングコンテンツ
iframe	組み込みコンテンツが配置できる場所	なし
img	組み込みコンテンツが配置できる場所	なし
input	フレージングコンテンツが配置できる場所	なし
ins	フレージングコンテンツが配置できる場所	親要素に直接入れられる要素と同じ
kbd	フレージングコンテンツが配置できる場所	フレージングコンテンツ
label	フレージングコンテンツが配置できる場所	フレージングコンテンツ（ただし内部にlabel要素を含むことはできない。また、ラベルと関連付けないbutton要素・type属性の値がhidden以外のinput要素・meter要素・output要素・progress要素・select要素・textarea要素は内部に含むことはできない）
legend	fieldset要素の最初の子要素として配置	フレージングコンテンツ。見出しコンテンツも配置可能
li	ul要素内。ol要素内。menu要素内	フローコンテンツ
link	メタデータコンテンツが配置できる場所。head要素の子要素であるnoscript要素内。itemprop属性が指定されているか、rel属性に特定の値（stylesheet, dns-prefetch, modulepreload, pingback, preconnect, prefetch, preload, prerender）が指定されている場合はフレージングコンテンツが配置できる場所	なし

要素名	配置できる場所	子要素として直接入れられる要素
main	フローコンテンツが配置できる場所（ただしmain要素を含むことができるのは、html要素、body要素、div要素、アクセシブルネームのないform要素、自立カスタム要素のみ）	フローコンテンツ
map	フレージングコンテンツが配置できる場所	親要素に直接入れられる要素と同じ
mark	フレージングコンテンツが配置できる場所	フレージングコンテンツ
menu	フローコンテンツが配置できる場所	0個以上のli要素（script要素・template要素を入れることも可能）
meta	charset属性またはhttp-equiv属性で文字コードを指定している場合はhead要素内。http-equiv属性で文字コード以外を指定している場合はhead要素内またはhead要素の子要素であるnoscript要素内。name属性が指定されている場合はメタデータコンテンツが配置できる場所。itemprop属性が指定されている場合はメタデータコンテンツまたはフレージングコンテンツが配置できる場所。	なし
meter	フレージングコンテンツが配置できる場所	フレージングコンテンツ（ただし内部にmeter要素を含むことはできない）
nav	セクショニングコンテンツが配置できる場所	フローコンテンツ
noscript	head要素内またはフレージングコンテンツが配置できる場所（ただしnoscript要素の内部には配置できない）	head要素内の場合はlink要素・style要素・meta要素を順不同で任意の数。head要素外の場合は親要素に直接入れられる要素と同じ（ただし内部にnoscript要素を含むことはできない）
object	組み込みコンテンツが配置できる場所	親要素に直接入れられる要素と同じ
ol	フローコンテンツが配置できる場所	0個以上のli要素（script要素・template要素を入れることも可能）
optgroup	select要素の子要素として配置	0個以上のoption要素（script要素・template要素を入れることも可能）
option	select要素・datalist要素・optgroup要素の子要素として配置	label属性とvalue属性の両方が指定されている場合はなし。label属性は指定されているがvalue属性は指定されていない場合はテキスト。label属性がなくdatalist要素の子要素ではない場合は、内容が空ではなく半角スペースや改行やタブだけではないテキスト。label属性がなくdatalist要素の子要素である場合はテキスト
output	フレージングコンテンツが配置できる場所	フレージングコンテンツ
p	フローコンテンツが配置できる場所	フレージングコンテンツ
picture	組み込みコンテンツが配置できる場所	はじめにsource要素を0個以上配置し、そのあとにimg要素を1つ配置（script要素・template要素を入れることも可能）
pre	フローコンテンツが配置できる場所	フレージングコンテンツ
progress	フレージングコンテンツが配置できる場所	フレージングコンテンツ（ただし内部にprogress要素を含むことはできない）

要素名	配置できる場所	子要素として直接入れられる要素
q	フレージングコンテンツが配置できる場所	フレージングコンテンツ
rp	ruby要素の子要素として、rt要素の直前または直後に配置	テキスト
rt	ruby要素の子要素として配置	フレージングコンテンツ
ruby	フレージングコンテンツが配置できる場所	はじめに「ruby要素以外でかつ内部にruby要素を含まないフレージングコンテンツ」または「内部にruby要素を含まないruby要素」のいずれかを配置し、それに続けて「1つ以上のrt要素」または「1つのrp要素に続く1つ以上のrt要素とrp要素のセット」を配置。以上のパターンを1つ以上配置可能
s	フレージングコンテンツが配置できる場所	フレージングコンテンツ
samp	フレージングコンテンツが配置できる場所	フレージングコンテンツ
script	メタデータコンテンツが配置できる場所／フレージングコンテンツが配置できる場所／script要素とtemplate要素が配置可能な場所	src属性がない場合はtype属性の値によって異なる。src属性がある場合は内容は空またはコメントによる説明のみ
section	セクショニングコンテンツが配置できる場所	フローコンテンツ
select	フレージングコンテンツが配置できる場所	option要素またはoptgroup要素を0個以上（script要素・template要素を入れることも可能）
slot	フレージングコンテンツが配置できる場所	親要素に直接入れられる要素と同じ
small	フレージングコンテンツが配置できる場所	フレージングコンテンツ
source	picture要素の子要素として、img要素よりも前に配置／audio要素またはvideo要素の子要素として、他のフローコンテンツやtrack要素よりも前に配置	なし
span	フレージングコンテンツが配置できる場所	フレージングコンテンツ
strong	フレージングコンテンツが配置できる場所	フレージングコンテンツ
style	メタデータコンテンツが配置できる場所／head要素の子要素であるnoscript要素内	テキスト（正しいスタイルシートのソースコード）
sub	フレージングコンテンツが配置できる場所	フレージングコンテンツ
summary	details要素の最初の子要素として配置	フレージングコンテンツ。内容として見出しコンテンツを入れることも可能
sup	フレージングコンテンツが配置できる場所	フレージングコンテンツ
table	フローコンテンツが配置できる場所	次の順に配置：0個か1個のcaption要素→0個以上のcolgroup要素→0個か1個のthead要素→0個以上のtbody要素または1個以上のtr要素→0個か1個のtfoot要素 ※内容としてscript要素・template要素を入れることも可能
tbody	table要素の子要素としてcaption要素・colgroup要素・thead要素よりも後に配置（ただしtable要素の直接の子要素であるtr要素がない場合のみ）	0個以上のtr要素（script要素・template要素を入れることも可能）

要素名	配置できる場所	子要素として直接入れられる要素
td	tr要素の子要素として配置	フローコンテンツ
template	メタデータコンテンツが配置できる場所／フレージングコンテンツが配置できる場所／script要素とtemplate要素が配置できる場所／span属性の指定されていないcolgroup要素の子要素として配置	なし
textarea	フレージングコンテンツが配置できる場所	テキスト
tfoot	table要素の子要素として、caption要素・colgroup要素・thead要素・tbody要素・tr要素よりも後に配置。ただし、同じtable要素内に複数のtfoot要素は配置できない。	0個以上のtr要素（script要素・template要素を入れることも可能）
th	tr要素の子要素として配置	フローコンテンツ（ただし内部にheader要素・footer要素・セクショニングコンテンツ・見出しコンテンツを含むことはできない）
thead	table要素の子要素として配置（ただしcaption要素・colgroup要素よりも後で、tbody要素・tfoot要素・tr要素よりも前に配置。同じtable要素内に複数のthead要素は配置できない）	0個以上のtr要素（script要素・template要素を入れることも可能）
time	フレージングコンテンツが配置できる場所	datetime属性が指定されている場合はフレージングコンテンツ。datetime属性が指定されていない場合は所定の書式のテキスト
title	head要素内に配置（ただし複数は配置できない）	内容が空ではなく、半角スペースや改行やタブだけではないテキスト
tr	thead要素・tbody要素・tfoot要素の子要素として配置／table要素の子要素としてcaption要素・colgroup要素・thead要素よりも後に配置（ただしtable要素の子要素であるtbody要素がない場合のみ）	0個以上のtd要素またはth要素（script要素・template要素を入れることも可能）
track	audio要素またはvideo要素の子要素として、他のフローコンテンツよりも前に配置	なし
u	フレージングコンテンツが配置できる場所	フレージングコンテンツ
ul	フローコンテンツが配置できる場所	0個以上のli要素（script要素・template要素を入れることも可能）
var	フレージングコンテンツが配置できる場所	フレージングコンテンツ
video	組み込みコンテンツが配置できる場所	src属性が指定されている場合は、0個以上のtrack要素の後に親要素に直接入れられる要素と同じ要素。src属性が指定されていない場合は、はじめに0個以上のsource要素を配置し、次に0個以上のtrack要素、その後に親要素に直接入れられる要素と同じ要素。いずれの場合も、内部にaudio要素とvideo要素は含むことができない
wbr	フレージングコンテンツが配置できる場所	なし

索引

CSS

<ruby>大藤<rt>おおふじ</rt></ruby> <ruby>幹<rt>みき</rt></ruby>

1級ウェブデザイン技能士。大学卒業後、複数のソフトハウスに勤務し、CADアプリケーション、航空関連システム、医療関連システム、マルチメディアタイトルなどの開発に携わる。1996年よりWebデザインの基本技術に関する書籍の執筆を開始し、2000年に独立。

その後、ウェブコンテンツJIS（JIS X 8341-3）ワーキング・グループ主査、情報通信アクセス協議会・ウェブアクセシビリティ作業部会委員、ウェブデザイン技能検定特別委員、技能五輪全国大会ウェブデザイン職種競技委員、若年者ものづくり競技大会ウェブデザイン職種競技委員などを務める。

現在の主な業務は、コンピュータ・IT関連書籍の執筆のほか、全国各地での講演・セミナー講師など。著書は『HTML5プロフェッショナル認定試験 レベル1 対策テキスト＆問題集 Ver2.0対応版』『よくわかるHTML5+CSS3の教科書』『自由自在に動画が作れる高機能ソフト DaVinci Resolve入門』（マイナビ出版）、『今すぐ使えるかんたんEx HTML&CSS 逆引き事典』（技術評論社）、『詳解HTML&CSS&JavaScript辞典』（秀和システム）など60冊を超える。

プロを目指す人のHTML&CSSの教科書
［HTML Living Standard準拠］

2022年5月26日　初版第1刷発行

著　者：大藤 幹
発行者：滝口 直樹
発行所：株式会社 マイナビ出版
　　　　〒101-0003　東京都千代田区一ツ橋2-6-3　一ツ橋ビル 2F
　　　　TEL：0480-38-6872（注文専用ダイヤル）
　　　　TEL：03-3556-2731（販売部）
　　　　TEL：03-3556-2736（編集部）
　　　　編集部問い合わせ先：pc-books@mynavi.jp
　　　　URL：https://book.mynavi.jp

ブックデザイン：霜崎 綾子
イラスト：玉利 樹貴
DTP：シンクス
担当：伊佐 知子

印刷・製本：シナノ印刷株式会社